康乐园大型真菌图鉴

ATLAS OF MACROFUNGI IN KANGLEYUAN

邱礼鸿　主编

中山大学出版社
SUN YAT-SEN UNIVERSITY PRESS
·广州·

图书在版编目（CIP）数据

康乐园大型真菌图鉴/邱礼鸿主编. —广州：中山大学出版社，2023. 10
ISBN 978 - 7 - 306 - 07919 - 0

Ⅰ. ①康…　Ⅱ. ①邱…　Ⅲ. ①大型真菌—广州—图集
Ⅳ. ①Q949. 320. 8 - 64

中国国家版本馆 CIP 数据核字（2023）第 193411 号

KANGLEYUAN DAXINGZHENJUN TUJIAN

出 版 人：王天琪
策划编辑：邓子华
责任编辑：邓子华
封面设计：曾　斌
责任校对：梁嘉璐
责任技编：靳晓虹
出版发行：中山大学出版社
电　　话：编辑部 020 - 84110283，84113349，84111997，84110779，84110776
　　　　　发行部 020 - 84111998，84111981，84111160
地　　址：广州市新港西路 135 号
邮　　编：510275　传　　真：020 - 84036565
网　　址：http：//www. zsup. com. cn　E-mail：zdcbs@ mail. sysu. edu. cn
印 刷 者：佛山市浩文彩色印刷有限公司
规　　格：787 mm × 1092 mm　1/16　9 印张　170 千字
版次印次：2023 年 10 月第 1 版　2023 年 10 月第 1 次印刷
定　　价：58.00 元

本书编委会

主　编　邱礼鸿

编　委　袁　发　王庚申　宋　玉

作 者 简 介

　　邱礼鸿　教授，博士研究生导师，中山大学生命科学学院微生物学教研室主任。中山大学基础必修课"微生物学"课程负责人，中国微生物学会微生物学教学工作委员会委员。研究方向为资源微生物学，主要从事具有杀虫或促生植物等作用的土壤微生物资源调查和研究。已发现、描述并发表微生物新种80多个，其中，具有重要生态功能和经济价值的大型真菌新种31个。为2017年中山大学大学生科研创新能力训练项目"南校园大型真菌调查及图鉴编写"的指导教师。

　　袁　发　中山大学生命科学学院2015级本科生，大型真菌爱好者。在本科学习期间发现、描述红菇属新种2个、秃马勃属我国新纪录种1个。发表刊登于SCI和EI收录期刊的论文各1篇，分别获得第一届和第二届全国大学生生命科学竞赛一等奖和三等奖、第三届和第四届全国大学生生命科学创新创业大赛二等奖和一等奖。为"南校园大型真菌调查及图鉴编写"项目申请人。

　　王庚申　中山大学生命科学学院2014级本科生，大型真菌爱好者。在本科学习期间发现、描述乳菇属新种2个。发表SCI收录论文1篇。创建微信公众号"采蘑菇的小猴子"，为大型真菌知识科普做出贡献，获得"中山大学2017年度十大风云人物"称号。为"南校园大型真菌调查及图鉴编写"项目的积极参与者和主要完成人。

　　宋　玉　中山大学生命科学学院2016级博士研究生。已发现、描述红菇科新种13个，发表刊登于SCI收录期刊的论文8篇。为"南校园大型真菌调查及图鉴编写"项目的助教。

序

美丽的中山大学康乐园是我常常惦念的母校校园。而康乐园里众多的大型真菌，则是我久久牵挂的心中之结。

康乐园绿树成荫，草地青翠，艳丽的鲜花、红砖绿瓦的古老建筑和师生们灿烂的笑容，这些在我脑海中形成一幅幅美丽的画面，自我第一次走进该校园至今从未消失。当我在中山大学学习的时候，我的博士研究生导师、著名的植物学家张宏达教授经常带着我们，指着康乐园中的各种植物，如数家珍地说出它们的名字、形态特征、分类学地位和用途等，直接教授我们植物学知识；许多植物学老师，甚至一些优秀的学生也能认识其中数百种植物。

大型真菌在地球上无处不在，康乐园里也有不少，人们经常能看到蘑菇、灵芝和木耳等在校园的各个角落顽强地生长着，它们展示着强大的生命力。然而，认识、了解这些大型真菌的人却不多，也没有合适的工具书帮助年轻的学生们去认识、了解它们。作为一名菌物学工作者，我常为此感到不安，这已成为我的一个心结。

与植物相比，人们对真菌认识、了解的程度严重不足。我不止一次地想，如果能编写一本中山大学校园大型真菌图鉴，那该是一件多么有意义的事情呀！这不仅可加快真菌学知识的传播，更可吸引更多大学生投身该领域，从而培养出一批优秀的真菌学家。这对真菌学的科学普及和我国真菌学的发展都有重要意义！

我十分高兴地看到，在邱礼鸿教授的带领下，通过袁发等同学的艰苦努力，本书终于完稿了。本书图文并茂，不仅有一般图鉴常见的原生境照片，很多种类还提供了解剖图和不同发育阶段的子实体图片，是一本适合初学者认识、了解大型真菌的优秀工具书。通读书稿，心结终被解开，我不由心生敬意。高兴之余，欣然作序。

中国菌物学会第五届、第六届理事会副理事长，
第七届、第八届菌物多样性与系统学专业委员会主任，
广东省科学院微生物研究所首席专家、二级研究员
2022 年 8 月 28 日于广州

前　　言

　　中山大学现有广州、珠海和深圳三个校区，其中，广州校区有南校园、北校园和东校园三个校园，统称三校区五校园。中山大学广州校区南校园也被称作康乐园，是中山大学校本部所在地，历史悠久。康乐园植物繁盛，环境优美，为大型真菌的生长、繁殖提供了良好的条件。

　　近年来，中山大学响应党和国家的号召，提出"德育与智育融合"、"科研与教学融合"、"学科与专业融合"、"本科生与研究生培养融合"和"第一课堂与第二课堂融合"五个融合的创新型人才培养理念。中山大学生命科学学院微生物学教学团队按照中山大学和中山大学生命科学学院的部署，在专业基础课"微生物学"的教学过程中，通过开设微生物兴趣班，引导本科生进入实验室组成"本科生－研究生－导师"科研小组，并开展科研实践等，探索提高本科生科研创新能力的人才培养模式。本书是该活动的成果之一。

　　本书收录了近几年作者在中山大学广州校区南校园采集的大型真菌99种（分别隶属于2门9目29科）。本书物种的分类和排序主要参考《真菌词典》第10版。标本鉴定均采用分子（ITS或LSU）和形态特征相结合的方法，力求准确可靠。为更好地反映各种大型真菌的主要特征，便于初学者学习使用，本书对每种大型真菌除附以一般图鉴所有的原生境照片及形态特征和生境分布描述外，大部分种类还附有解剖图和该种不同发育阶段的子实体图片。本书最后一部分提供了中文、拉丁文学名索引及主要参考文献。

　　本书可作为高校生物学专业本科生和研究生"微生物野外实习"和"微生物实验技能训练"等课程的教辅书，也可作为大型真菌爱好者学习和辨识大型真菌的参考书。

　　由于编者水平有限，加上时间匆促，不妥之处，敬请批评指正。

编者

2023 年 6 月 28 日

目 录

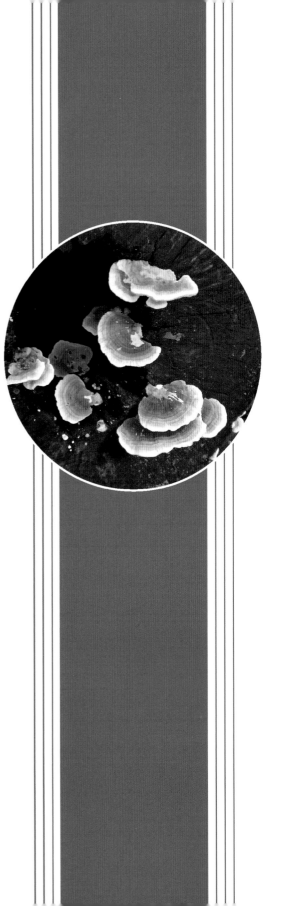

多孔菌目
Polyporales

灵芝科

灵芝科 Ganodermataceae

 1 韦伯灵芝

● *Ganoderma weberianum*（Bres. & Henn. ex Sacc.）Steyaert

子实体一年生至多年生。成熟子实体菌盖扇形至半圆形，外伸可达 6 cm，宽可达 8 cm，表面有一层具漆样光泽的皮壳，中心红褐色、近边缘淡黄色至奶油色，边缘钝。菌盖背面白色至浅灰色，菌管层灰褐色，厚约 3 mm，管口近圆形，每毫米 4～5 个。菌肉新鲜时浅木材色。无菌柄或少数有粗短侧生柄，黑紫色。

【生态习性】单生或群生于阔叶树或树桩上。

○子实体，示生境

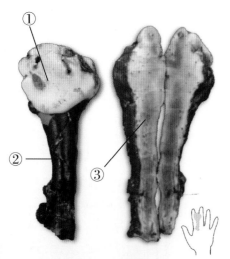

①菌盖背面；②菌柄；③菌肉。

○子实体及剖面

○子实体，示表面

（采集：邱礼鸿；拍摄：邱礼鸿；分子鉴定：宋玉；形态描述：夏诗尧）

2 有柄灵芝

Ganoderma gibbosum（Blume & T. Nees）Pat.

子实体多年生，木栓质到木质。菌盖呈近扇形至半圆形；长 3 ～ 10 cm，宽 4 ～ 7 cm，厚 1.3 ～ 2.0 cm；幼嫩时表面中间呈浅褐色或浅土黄色，边缘呈白色，后变为棕褐色、锈褐色或土黄色；表面不平整，具有较稠密的同心环带和短绒毛；皮壳较薄，有时易压碎，易龟裂成裂隙，边缘钝，完整。菌孔呈污白色或褐色，管口呈近圆形，每毫米 4 ～ 5 个，伤变色为灰红褐色。菌肉呈棕褐色至深褐色，厚 0.5 ～ 1.5 cm。菌管呈深褐色，长 3 ～ 10 mm。菌柄短粗，侧生，与菌盖同色。

【生态习性】单生于阔叶树树干上或腐木上。

○子实体，示生境

○幼嫩子实体，示生境

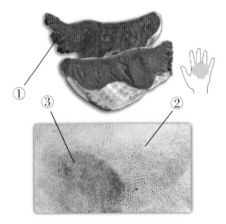

①菌肉；②菌盖背面及菌管；
③菌盖背面及伤变色。
○菌盖及剖面

○成熟子实体，示菌盖背面

灵芝科

（采集：邱礼鸿；拍摄：邱礼鸿；分子鉴定：宋玉；形态描述：夏诗尧）

3　树舌灵芝

● *Ganoderma applanatum*（Pers.）Pat.

子实体多年生，木质。菌盖呈半圆形、近扇形或不规则形；外伸 6～16 cm，宽 9～23 cm，厚 3～4 cm；表面呈灰白色、灰褐色或锈褐色，无漆样光泽；有同心环沟和环带；边缘薄或圆钝。菌肉呈棕褐色至深褐色，厚 3～30 mm，有轮纹。菌管呈褐色，有时有白色菌丝填充，一层至多层，每层长 3～25 mm；菌管层间有时由菌肉分隔。菌盖背面呈灰褐色、近污褐色或近污黄色。管口略呈圆形，每毫米 4～5 个。无菌柄。

【生态习性】单生、群生或叠生于阔叶树树干、木桩或腐木上。

○子实体，示生境 -1

○子实体，示生境 -2

○子实体，示生境 -3

○子实体，示菌盖背面

（采集：王庚申；拍摄：王庚申；分子鉴定：宋玉；形态描述：王庚申）

灵芝科

4 四川灵芝

Ganoderma sichuanense J. D. Zhao & X. Q. Zhang

子实体一年生，有柄，木质或木栓质。菌盖呈近扇形或不规则半圆形，基部形成柄基；外伸 10 cm × 19 cm，宽 5 ～ 19 cm，厚 0.5 ～ 2.0 cm；表面紫褐色和暗褐色至褐色，边缘颜色逐渐变浅，具明显纵皱，形成大的皱褶、疣和瘤，边缘不整齐。菌肉明显分层，上层呈淡黄色至木材色，近菌管处呈黑褐色，厚 1.2 ～ 2.0 mm。菌管长 3 ～ 18 mm；褐色到黑褐色，有孔面同菌管颜色近似一致；管口完整，每毫米 4 ～ 5 个。菌柄侧生，长 2 ～ 10 cm，直径 5 ～ 10 mm；紫褐色至黑色，有光泽。

【生态习性】单生或群生于阔叶林树木或腐木树桩上。

○幼嫩子实体，示生境 –1

○幼嫩子实体，示生境 –2

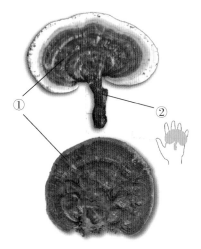

①菌盖，边缘颜色逐渐变浅，
具明显纵皱；②菌柄。
○子实体及菌盖示意

○幼嫩子实体，示生境 –3

灵芝科

灵芝科

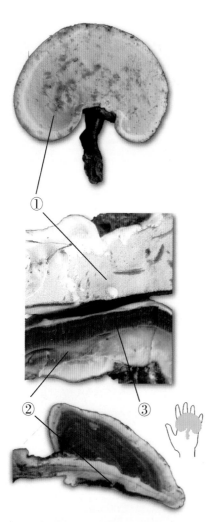

①菌管表面；②菌肉；③菌管。
○子实体及剖面

○成熟子实体，示生境－1

○成熟子实体，示生境－2

○成熟子实体，示菌盖－3

（采集：邱礼鸿；拍摄：邱礼鸿；分子鉴定：宋玉；形态描述：夏诗尧，袁发）

5　热带灵芝

Ganoderma tropicum（Jungh.）Bres.

子实体一年生，木栓质到木质。菌盖呈半圆形、近肾形、漏斗形或扇形；表面呈黄褐色、红褐色，有漆样光泽，边缘颜色逐渐变浅，有同心环带，呈淡褐色至白色；外伸 4 ～ 20 cm，宽 3 ～ 15 cm，厚 0.5 ～ 2.5 cm。菌管长 1 ～ 2 mm，暗褐色，管口近圆形，每毫米 3 ～ 5 个。菌肉呈褐色，木栓质，有苦味。菌柄侧生，长 2.5 ～ 5.5 cm，粗 1.0 ～ 2.5 cm，红褐色，有光泽。

【生态习性】单生或群生于树干、竹丛或腐木上。

○幼嫩子实体，示生境 -1

○幼嫩子实体，示生境 -2

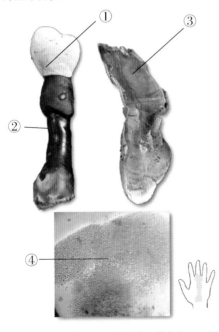

①菌盖；②菌柄；③菌肉；④菌管。
○子实体及菌盖示意

○成熟子实体，示菌盖

（采集：邱礼鸿；拍摄：邱礼鸿；分子鉴定：宋玉；形态描述：任思曼，袁发）

灵芝科

6 皱盖血芝

Sanguinoderma rugosum（Blume & T. Nees）Y. F. Sun, D. H. Costa & B. K. Cui

原称乌芝或假芝 *Amauroderma rugosum*（Blume & T. Nees）Torrend。子实体一年生，有柄，木栓质。菌盖近圆形、近肾形或半圆形，直径 2 ～ 12 cm，厚 0.3 ～ 1.3 cm，表面呈灰褐色至黑色，有纵皱和同心环纹，被短绒毛，边缘薄或钝。菌肉呈淡黄色、黄褐色至黑褐色。菌盖背面呈灰白色，伤变血红色，子实层 1.5 ～ 4.5 mm，每毫米 4 ～ 6 个。菌柄偏生至侧生，很少中生，长 3 ～ 12 cm，直径 0.3 ～ 1.5 cm，有时分叉，光滑或被短绒毛，褐色近黑色，菌柄基部有假根。

【生态习性】单生或散生于阔叶林地上或腐木上。

○幼嫩子实体

○半成熟子实体

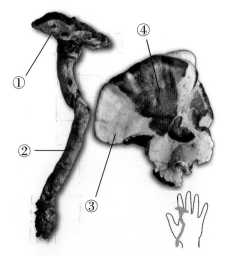

①菌盖；②菌柄；③菌盖背面，
菌盖菌管管口白色；④示伤变色。

○子实体及剖面

○成熟子实体

灵芝科

○成熟子实体，示生境－1

○成熟子实体，示生境－2

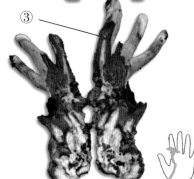

①菌盖表面；②菌肉及伤变色；
③幼嫩子实体菌肉及伤变色。

○子实体及剖面

○成熟子实体，示菌盖背面及伤变色

灵芝科

（采集：邱礼鸿；拍摄：邱礼鸿；分子鉴定：宋玉；形态描述：夏诗尧）

拟层孔菌科 Fomitopsidaceae

7 谦逊迷孔菌

● *Daedalea modesta*（Kunze ex Fr.）Aoshima

子实体一年生，新鲜时韧革质，无味，干后具木栓质。菌盖呈半圆形、近扇形、贝壳状；宽可达 7 cm，外伸可达 4 cm，厚可达 3 mm；表面呈铜棕色、粉黄色或深木材色；凹凸不平，近光滑，干燥，不黏；基部具有明显的奶油色不规则增生物，具明显同心环带，无放射状条纹，边缘波纹状，奶白色。菌盖背面新鲜时呈奶油色至乳白色，近基部呈米黄色，干后呈灰土黄色，无折光反应；不育边缘明显，奶白色，宽可达 1.5 cm；孔口近圆形，每毫米 6 ～ 7 个。菌肉呈木材色、棕色，木栓质，厚可达 1.5 mm。菌管与孔口表面同色，长可达 0.2 mm，干后呈木栓质。

【生态习性】通常迭生于树桩上，造成木材白色腐朽。

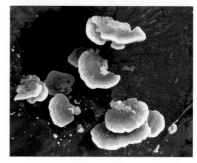

○成熟子实体 -1

○成熟子实体 -2

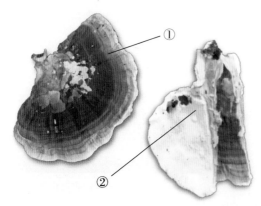

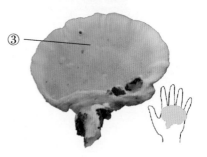

①菌盖表面；②菌肉；③菌盖。
○子实体剖面
（采集：邱礼鸿；拍摄：邱礼鸿；分子鉴定：宋玉；形态描述：袁发，李永宁）

8 瘤盖拟层孔菌

Fomitopsis palustris（Berk. & M. A. Curtis）Gilb. & Ryvarden

菌盖外伸 2.5 cm，宽 5.08 cm，厚1.3 cm，半圆，白色至赭色，被有一层相当闪亮的、薄的赭色角质层。菌孔小，内外均为白色，不完全层状，有轻微的棱角，具有薄隔膜和不规则边缘。生长速度较快，一周时半径为 2.3 cm，两周时半径为 5.8 cm。子实体平展，常重叠成瓦状聚集在一起。气味微弱。

【生态习性】单生或群生于近水潮湿的木桩或腐木上。

○成熟子实体，示生境

○成熟子实体，示菌盖背面

多孔菌科

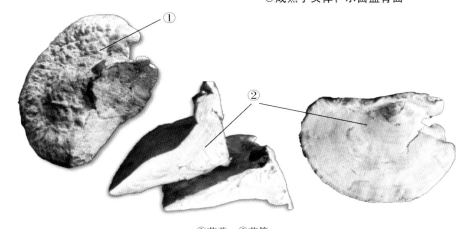

①菌盖；②菌管。

○子实体剖面

（采集：邱礼鸿；拍摄：邱礼鸿；分子鉴定：宋玉；形态描述：郑健飞）

多孔菌科 Polyporaceae

9　新粗毛革耳

Panus neostrigosus（Fr.）Drechsler-Santos & Wartchow

原称硬毛韧伞 *Lentinus strigosus* Fr.。菌盖近圆形，平展中凹或浅漏斗形，近革质；土黄色至褐色；表面有绒毛状小鳞片，并有长刺状粗毛，边缘内卷。菌肉近白色。菌褶呈黄白色，密生，不等长，延生。菌柄中生或偏生，长约 1 cm，粗约 0.5 cm，浅褐色，有粗毛，基部稍膨大。

【生态习性】群生于阔叶树腐木上。

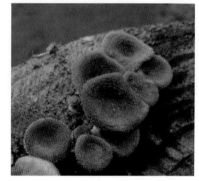

○子实体，示生境

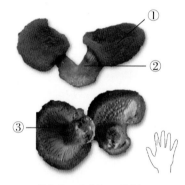

①菌盖；②菌柄；③菌褶。
○子实体示意

○子实体，示菌盖背面

○子实体，示菌盖、菌肉

（采集：邱礼鸿；拍摄：邱礼鸿；分子鉴定：宋玉；形态描述：黄明攀）

10 红贝菌

Earliella scabrosa（Pers.）Gilb. & Ryvarden

子实体一年生，无柄，平展至反卷，韧，木栓质。菌盖呈半圆形或贝壳状，单生或覆瓦状；外伸 1.0 ～ 6.5 cm，宽 1.5 ～ 12.0 cm，厚 2 ～ 10 mm，左右相连长可达 20 cm；表面光滑，有皱纹和同心环棱；边缘薄而锐；近白色或灰白色，向基部渐变暗红褐色；菌肉呈白色或近白色，厚 1 ～ 5 mm。菌管背面淡褐色、黄褐色或褐色，长 1 ～ 3 mm。管口多角形至不规则形，近迷宫状或近齿状，在倾斜部分有时几乎呈褶状，每毫米 2 ～ 3 个。

【生态习性】单生、丛生或簇生于枯树或木头上。

○成熟子实体，示生境－1

○成熟子实体，示生境－2

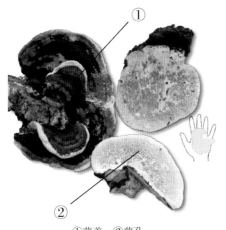

①菌盖；②菌孔。

○子实体剖面

○子实体，示生境

多孔菌科

（采集：邱礼鸿；拍摄：邱礼鸿；分子鉴定：宋玉；形态描述：袁发、李永宁）

11 漏斗多孔菌

● *Polyporus arcularius*（Batsch）Fr.

菌盖直径为 1～5 cm，圆形至漏斗形或平展至中央脐凹呈浅漏斗形，灰褐色，被暗色刺毛。菌肉白色，薄。菌管表面呈淡黄色或白色。管口多呈角形，每毫米 1～3 个。菌柄中生，长 7.0～20.0 mm，直径 1.5～2.5 mm，灰褐色，有褐色微细绒毛。

【生态习性】单生、散生或群生于阔叶树腐木上。

○成熟子实体，示生境

○成熟子实体，示菌盖背面

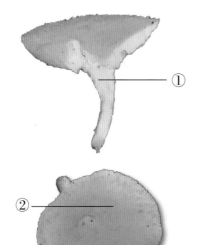

①

②

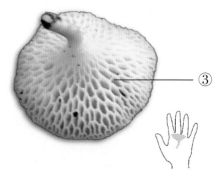

③

①菌肉；②菌盖；③菌管。

○子实体及其剖面

（采集：邱礼鸿；拍摄：邱礼鸿；分子鉴定：宋玉；形态描述：袁发，魏翰林）

多孔菌科

12　条盖棱孔菌

● *Favolus grammocephalus*（Berk.）Imazeki.

原称 *Polyporus emerici* Berk. ex Cooke。子实体一年生，有柄或柄不明显，单生或迭生。菌盖呈扇形、半圆形至漏斗形，基部至边缘 3 ～ 11 cm，直径 3 ～ 14 cm；表面光滑，有径向条纹，新鲜状态下呈白色至奶油色或淡黄灰色，有带状斑纹（有环层带）；边缘尖锐，有时波浪状。菌肉坚韧，新鲜时呈白色，干燥时皮质至皮质软木质，厚达 1.4 cm。菌盖背面呈白色至奶油色，菌孔每毫米 2 ～ 4 个，菌管长达 3 mm。菌柄呈圆柱状至扁平，长达 2.5 cm，直径达 1.3 cm。

【生态习性】多单生于枯枝或朽木上。

○成熟子实体，示生境 -1

○成熟子实体，示生境 -2

○成熟子实体，示生境 -3

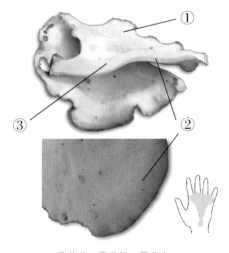

①菌盖；②菌管；③菌肉。
○子实体剖面

（采集：邱礼鸿；拍摄：邱礼鸿；分子鉴定：宋玉；形态描述：袁发）

多孔菌科

13 薄边蜂窝菌

● *Hexagonia tenuis*（Fr.）Fr.

子实体平展。菌盖长 0.6 ～ 2.0 cm，宽 0.5 ～ 1.5 cm，厚 1 ～ 2 mm；半圆形至扇形；淡黄褐色，遇 KOH 渐变成灰黑色；被绒毛；具同心环纹和辐射皱纹。菌管表面呈黄白色；菌孔呈六角形，每毫米 1 ～ 2 个。菌肉呈黄白色，薄，遇 KOH 渐变成灰黑色。

【生态习性】单生或群生于阔叶树的腐木上。

○子实体正面，示生境

○子实体正面

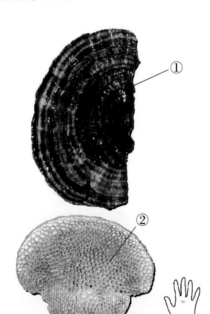

①菌盖；②菌孔。

○子实体示意

○子实体背面

（采集：邱礼鸿，黄明攀，郑健飞；拍摄：邱礼鸿；分子鉴定：宋玉；形态描述：袁发）

多孔菌科

14 绯红栓菌

● *Trametes coccinea* （Fr.）Hai J. Li & S. H. He

原称血红孔菌 *Pycnoporus coccine-us*（Fr.）Bondartsev & Singer。菌盖呈匙形、半圆形或扇形，菌盖表面呈橘红色或鲜红色。颜色随着菌龄增加而逐渐消退，最后褪至灰白色。菌盖背面呈红色，颜色较深，菌管孔口近圆形。菌盖边缘较薄，有时呈波状，不育边缘明显。但菌孔经常保留一些颜色。菌肉呈橙红色，无味。菌柄经常不存在，或以小的、单独的附着点方式存在。

【生态习性】单生或叠生于阔叶树林桩、倒木或腐木上。

○子实体，示生境－1

○子实体，示生境－2

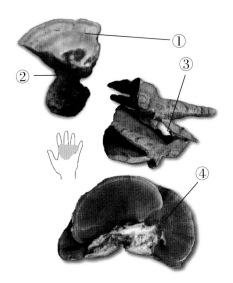

①菌盖；②菌柄；③菌肉；④菌盖背面。
○子实体及其剖面

○子实体，示生境－3

（采集：邱礼鸿；拍摄：邱礼鸿；分子鉴定：宋玉；形态描述：张誉竞）

多孔菌科

15　白蜡范氏孔菌

● *Vanderbylia fraxinea*（Bull.）D. A. Reid

原称白蜡多年卧孔菌 *Perenniporia fraxinea*（Bull.）Ryvarden。子实体较大，一年生。菌盖直径为 8～16 cm，粉红色或黄褐色，有宽的乳白色边缘，表面平滑或有不规则凸起。菌肉浅灰黄褐色至褐色，软棉质，厚可达 8 mm。菌管与菌肉同色或略浅，木栓质，长可达 7 mm。无菌柄，侧或半背着生。

【生态习性】群生或叠生于白蜡树、檫木、杨树、柳树等阔叶树根基部。

○子实体，示生境－1

多孔菌科

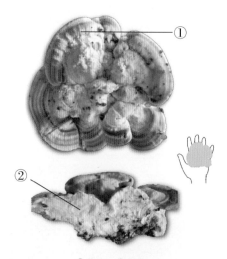

①菌盖；②菌肉。

○子实体及其剖面

○子实体，示生境－2

（采集：郑健飞；拍摄：郑健飞；分子鉴定：宋玉；形态描述：黄明攀）

16　赭白截孢孔菌

● *Truncospora ochroleuca*（Berk.）Pilát

子实体一年至多年生，通常连生或叠生，革质，无臭无味。菌盖近圆形或马蹄形；直径为 1.5～2.0 cm，厚 10 mm；菌盖上表面呈奶油色、乳褐色、赭色至黄褐色；有明显的同心环带，边缘颜色浅。孔口近圆形，新鲜时表面乳白色，后变为土黄色。菌管孔口边缘厚，全缘，与孔口表面同色。菌肉土褐色，新鲜时革质，干后木栓质。无菌柄。

【生态习性】生于多种针叶树和阔叶树、栅栏木、薪材木上，造成木材白色腐朽。

○子实体，示生境 –1

○子实体，示生境 –2

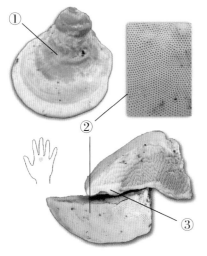

①菌盖；②菌管；③菌肉。
○子实体及其剖面

○子实体，示生境 –3

（采集：邱礼鸿；拍摄：邱礼鸿；分子鉴定：宋玉；形态描述：黄明攀）

多孔菌科

17 毛栓菌
Trametes hirsute（Wulfen）Lloyd

子实体大多一年生，无柄，单生或覆瓦状叠生，韧革质，无臭无味。菌盖扁平，半圆形、扇形或近圆形，长可达4 cm，宽可达10 cm，厚可达8 mm；表面新鲜时乳白色，干后奶油色、浅棕黄色或灰褐色；被硬毛和绒毛；有明显的同心环带和环沟；表面常被绿色藻类，菌盖边缘锐，黄褐色。菌管孔口多角形，初期呈乳白色，后期呈浅乳黄色至灰褐色，每毫米3～4个，全缘。菌管呈奶油色或乳黄色，靠近孔口表面处呈深褐色。菌肉呈乳白色，新鲜时革质，干后木栓质。

【生态习性】单生或覆瓦状叠生在多种阔叶树、桥梁木、堤坝木、栅栏木、薪材木、桩木上。

○子实体，示生境 -1

○子实体，示生境 -2

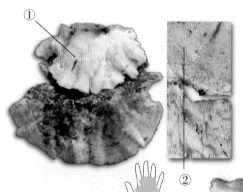

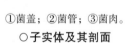

①菌盖；②菌管；③菌肉。
○子实体及其剖面

（采集：邱礼鸿；拍摄：邱礼鸿；分子鉴定：宋玉；形态描述：黄明攀）

亚灰树花菌科 Meripilaceae

18 二年残孔菌

Abortiporus biennis（Bull.）Singer

菌盖肾形或半圆形至不规则状，直径可达 20 cm，浅白色、浅棕色或赭色，边缘颜色较淡，表面光滑但不平整。菌盖背面灰色至褐色，菌肉白色至粉红色或棕色，成熟后分层，革质。菌管多角形、迷宫状或褶状，浅木材色，长可达 5 mm。通常无菌柄，偶尔具长菌柄，黑褐色。

【生态习性】叠生于腐木或单生于草地上。

○子实体，示生境 -1

○子实体，示生境 -2

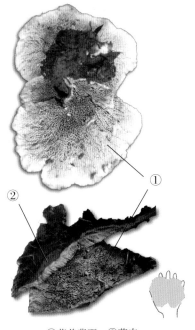

①菌盖背面；②菌肉。
○子实体及其剖面

○子实体，示生境 -3

亚灰树花菌科

亚灰树花菌科

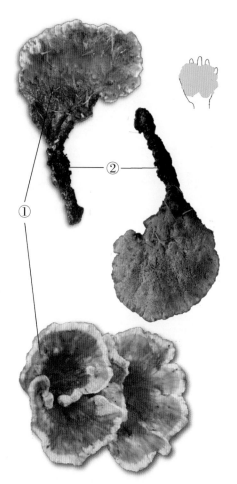

①菌盖；②菌柄。
〇子实体示意

〇子实体，示生境 −4

〇子实体，示菌盖背面

〇幼嫩子实体，示生境

（采集：王庚申；拍摄：王庚申；分子鉴定：宋玉；形态描述：王庚申）

19　榆硬孔菌

● *Rigidoporus ulmarius*（Sowerby）Imazeki

子实体多年生，木质，坚硬。菌盖长 5～16 cm，宽 4～10 cm，扇形或半圆形，新鲜时表面暗褐色，干后变为黄褐色，有宽窄不一的同心沟纹，边缘钝、不整齐。菌盖背面棕红至褐色。菌肉淡黄至浅褐色。菌管口近圆形，每毫米 7～9 个，棕色至褐色。通常无菌柄。

【生态习性】单生或群生于活或死的阔叶树或腐木上。

○子实体，示生境

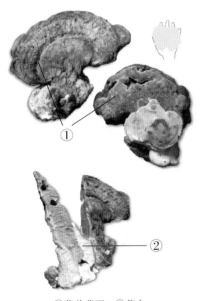

①菌盖背面；②菌肉。

○子实体及其剖面

○幼嫩子实体，示生境

亚灰树花菌科

（采集：邱礼鸿；拍摄：邱礼鸿；分子鉴定：宋玉；形态描述：黄明攀，张誉竞）

蘑菇目
Agaricales

马勃科 Lycoperdaceae

20 草地隔马勃

● *Vascellum pratense*（Pers.）Kreisel

子实体较小，宽陀螺形或近扁球形，直径为 2～5 cm，高 1～4 cm；初期呈白色或污白色，成熟后呈灰褐色或茶褐色。外孢被由白色小疣状短刺组成，后期脱落，露出光滑的内包被；内部孢粉幼时呈白色，后呈黄白色，成熟后呈茶褐灰色或咖啡色。不育基部发达而粗壮，与产孢部分之间有一明显的横膜隔离。孢丝为无色或近无色至褐色，厚壁有隔，表面有附属物，成熟后从顶部破裂成孔口，从孔口散发孢子。孢子呈浅黄色。

【生态习性】单生、散生或群生在空旷草地或林缘草地上。

○子实体，示生境－1

○子实体，示生境－2

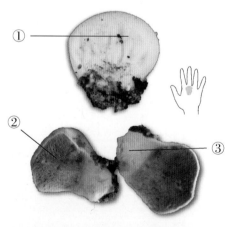

①外包被；②产孢组织；③不育基部。
○子实体及其剖面

○子实体，示生境－3

（采集：袁发；拍摄：袁发；分子鉴定：宋玉；形态描述：魏翰林）

21 锐棘秃马勃
Calvatia holothurioides Rebriev

子实体呈陀螺形，高 3.1 ～ 4.8 cm，直径为 3.2 ～ 4.6 cm；幼嫩时呈浅红褐色，后变为灰黄色至深黄色，干后变为橙黄色至黄褐色；初期表面光滑，后稍皱。基部不育，长 0.8 ～ 1.7 cm。外包被薄、脆，易与产孢组织分离，橙黄色至黄褐色，稍皱，由透明、有隔膜、具分枝、无孔的菌丝组成；分 2 层，上层菌丝与囊泡相互交织，下层为假薄壁层。内包被呈浅橄榄褐色，由薄壁、分隔、二叉分支的菌丝组成。产孢组织紧凑，成熟时呈黄色至棕黄色，干燥后呈棉絮状。孢子印黄色。孢丝分枝，有隔膜，直径为 1.72 ～ 3.06 μm，表面粗糙，有孔。孢子呈球形、椭球形或卵形，（2.86 ～ 4.93）μm ×（3.14 ～ 3.46）μm，透明，非淀粉质，表面微皱，有锥形棘，棘高 0.38 ～ 0.55 μm。

【生态习性】单生或散生于林缘土地上。

○子实体，示生境

○子实体，示生境

马勃科

○担孢子（5 000 ×）

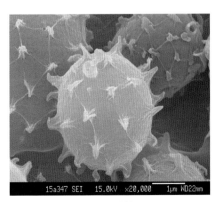

○担孢子，示孢子纹饰（20 000 ×）

马勃科

○孢子扫描电镜图（2 700×）

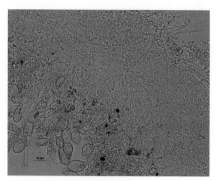

○外包被菌丝结构（100×）

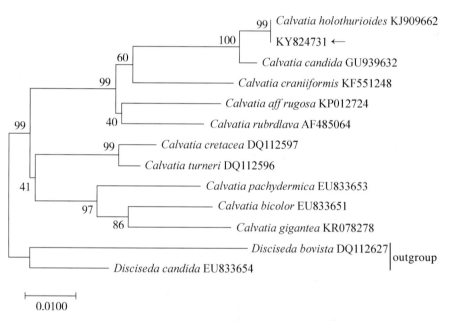

箭头示采集自中山大学广州校区南校园的中国新纪录种
○基于ITS序列构建的秃马勃属（*Calvatia*）系统发育树

（采集：袁发；拍摄：袁发；分子鉴定：宋玉；形态描述：袁发）

22 杯形秃马勃

● *Calvatia cyathiformis*（Bosc）Morgan

子实体呈近球形至陀螺形，宽4～9 cm，高3～8 cm；外表皮薄，初为白色，成熟后变为棕褐色或紫色，随着子实体的长大，表面形成浅棕色的斑点纹；内表皮暴露后呈深棕色，后破裂，露出内部的产孢组织。菌肉呈白色，后变黄，最终内部紫褐色的孢子粉释放出来，只剩下基部残缺的杯状组织，以很小的面积附着于地面。孢子呈圆形或近圆形，带刺，4.5～7.5 μm；弹丝宽2～10 μm，脆弱，有隔，表面有很多针眼一样的小坑。

【生态习性】单生或群生于草坪或开阔树林中。

○子实体，示生境

马勃科

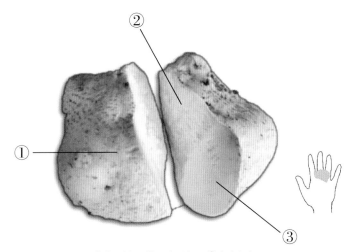

①外包被；②不育基部；③产孢组织。

○**子实体剖面**

（采集：邱礼鸿；拍摄：邱礼鸿；分子鉴定：宋玉；形态描述：滕慧丹，黄明攀）

23　紫秃马勃

● *Calvatia lilacina*（Mont. & Berk.）Henn.

子实体直径可达 15 cm，梨形至近球形；外表面光滑或有柔毛，常常带有小室状斑块，奶油色至红棕色，薄，很快干萎；内包被呈棕色，薄，成熟时在顶端不规则分裂；不育基部发达，内部组织与产孢组织通过一层隔膜分开；产孢组织呈紫色，或略染灰色，幼时紧实，很快变成粉末状。

【生态习性】单生、散生于草地或沙质土壤的荒地上。

○子实体，示生境 -1

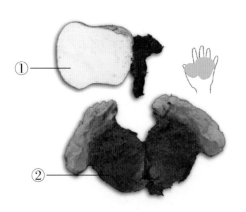

①未成熟子实体；
②成熟子实体产孢组织。
○子实体剖面

○子实体，示生境 -2

○子实体，示生境 -3

（采集：王庚申；拍摄：王庚申；形态描述：周松岩）

马勃科

蘑菇科 Agaricaceae

24 大青褶伞

● *Chlorophyllum molybdites*（G. Mey.）Massee

菌盖直径为 10 ～ 22 cm；菌盖幼时呈扁半球形至球形，成熟近平展，中央稍凸起；菌盖表面干燥，白色至浅灰色，于幼时光滑，但很快裂成棕色、粉棕色至青灰色的鳞片；鳞片翘起或平坦，大小由顶部向菌盖边缘递减，易脱落。菌褶离生，密集，幼时白色，成熟时带绿色至棕绿色。菌柄长 8 ～ 12 cm，直径 1.5 ～ 3.0 cm，紧实，基部稍膨大，干燥，表面光滑，白色至棕色。菌肉呈白色，较厚，伤后不变色或稍染粉色至粉棕色。菌环上位，白色至棕色，不活动。

【生态习性】腐生。单生至散生于草地上。

○子实体，示生境

○子实体，示菌环、菌褶－1

○蘑菇科

○子实体，示菌环、菌褶

（采集：周松岩；拍摄：周松岩；形态描述：周松岩）

25　华丽海氏菇

● *Heinemannomyces splendidissimus* Watling

菌盖直径为 3.5 ～ 6.5 cm，幼时呈半球形，后期呈扁半球形至平展，有时表面微凹；表面覆有栗色、紫棕色至灰红色的絮状或蛛网状附属物；中央颜色深，边缘近白色且常无附属物；边缘内卷，稍带絮状物且常开裂。菌肉呈白色，伤后稍染红色。菌褶离生，蓝灰色、铅灰色至深蓝色，不等长。菌柄长 5 ～ 6 cm，直径为 0.5 ～ 0.6 cm，中生，圆柱形，向基部渐窄，带有絮状至鳞片状附属物，较菌盖颜色浅，中空。

【生态习性】单生至散生于林地。

○幼嫩子实体，示生境

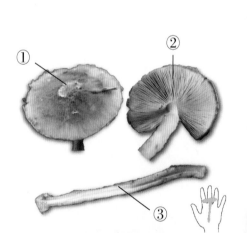

①菌盖；②菌褶；③菌柄。
○子实体及其剖面

○成熟子实体，示菌盖

○成熟子实体，示菌褶

（采集：王庚申；拍摄：王庚申；形态描述：周松岩）

蘑菇科

26 白垩白鬼伞
● *Leucocoprinus cretaceus*（Bull.）Locq.

菌盖直径3～7 cm。菌盖呈卵圆形至钟形，后平展，中央脐凸形；肉质。表面干燥、有粉状或鳞片状覆盖物，白色至米黄色，中心淡黄色或褐色，有明显放射状条纹。菌肉呈白色，薄，受伤后变浅褐色。菌褶离生，紧密，幼时白色，后变淡粉红色，最终变成褐色。菌柄长6～9 cm，直径3～6 mm，光滑或有白色粉末状覆盖物，白色、渐变粉色至浅褐色。菌环上位。

【生态习性】单生或群生在枯枝落叶或草地上。

○子实体，示生境－1

○子实体，示生境－2

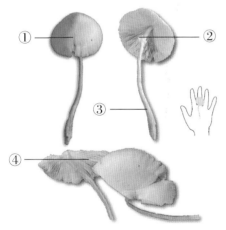

①菌盖；②菌环；③菌柄；④菌褶。
○子实体及其剖面

○子实体，示生境－3

（采集：邱礼鸿；拍摄：邱礼鸿；分子鉴定：宋玉；形态描述：张誉竞，魏翰林）

蘑菇科

33

27 纯黄白鬼伞

● *Leucocoprinus birnbaumii*（Corda）Singer

菌盖直径为 1.2～5.0 cm；卵圆形至钟形，后平展，中央脐凸形；肉质，浅黄色，中部呈橘黄色至黄色；黏或干；上覆灰白色块状鳞片和绒毛，边缘有条纹，撕裂，波状。菌肉呈淡黄色，厚 0.1～1.5 mm，无味道和气味。菌褶呈淡黄色或黄色，不等长，离生或直生，褶缘平滑。菌柄中生，细长，圆柱形，长 4～9 cm，粗 2～6 mm，基部球茎状膨大，淡黄色至黄色，上有绒毛，空心。菌环位于中上部，单环，黄色，薄而脆，易脱落。孢子印呈白色。

○子实体，示生境－1

○子实体，示生境－2

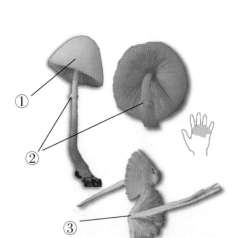

①菌盖；②菌环；③菌肉。
○**子实体及其剖面**

○子实体，示生境－3

（采集：邱礼鸿；拍摄：邱礼鸿；分子鉴定：宋玉；形态描述：郑健飞，王庚申）

蘑菇科

28 粗柄白鬼伞

Leucocoprinus cepistipes（Sowerby）Pat.

菌盖直径为 2～5 cm。菌盖呈白色或淡褐色；幼时呈卵圆形，后变为半球形至脐突状，脐突部位颜色较深，为棕灰色；表面干，具有松软易脱落的小鳞片，边缘具有明显条棱，易撕裂。菌肉呈白色，柔软，很薄，气味和味道温和。菌褶离生，初为白色，后变为淡黄色，稍密，不等长。菌柄长 2～6 cm，粗 2～5 mm，乳白色，空心，基部膨大呈球形；光滑，或有白色或淡粉色至棕色的粉末；靠上部具白色菌环，单环，膜质，易脱落。无菌托。孢子印白色。

【生态习性】夏秋季群生或丛生于草地或稀疏的林地上。

○子实体，示生境

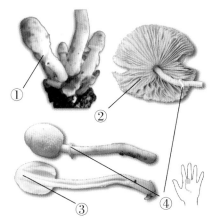

①幼嫩子实体；②菌褶；③菌肉；④菌环
○子实体及其剖面

○幼嫩子实体，示生境

○子实体，示菌盖

（采集：邱礼鸿；拍摄：邱礼鸿；分子鉴定：宋玉；形态描述：滕慧丹、王庚申）

蘑菇科

29 易碎白鬼伞

● *Leucocoprinus fragilissimus*（Ravenel ex Berk. & M. A. Curtis）Pat.

菌盖直径为 1.5～4.5 cm。菌盖膜质，易碎；具有小的中心凸起；平展后中部较深，覆有易脱落的柠檬黄色粉粒，具显著的辐射状褶纹，干燥或潮湿；浅黄色，中心颜色稍深，褪色后近白色，中心则呈淡黄色。菌肉呈黄色，无显著气味。孢子印呈白色。菌褶离生，与菌盖颜色一致，呈淡黄色，常在炎热的天气中消融。菌柄长 4～9 cm，粗 1～3 mm，有小的基部球状膨大外，纤细，中空，易碎，覆有一层黄色粉粒，与菌盖同色。菌环生于菌柄上部，膜质，易碎易脱落，淡黄色。

【生态习性】在腐殖质上单生或散生。

○子实体，示生境

○子实体，示菌环

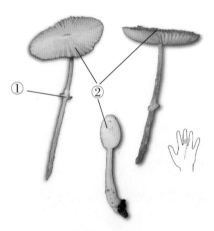

①菌环；②菌盖。

○子实体

○子实体，示菌盖

（采集：王庚申；拍摄：王庚申；分子鉴定：宋玉；形态描述：王庚申）

30 中华白环蘑

● *Leucoagaricus sinicus*（J. Z. Ying）Zhu L. Yang

菌盖初期呈钟形，后期呈半球形至平展脐突形；直径为 1.5～6.0 cm；顶端明显褐色至黑色，密被微小、深棕色鳞片；边缘细条纹或几乎无条纹。菌肉白色，无伤变色。菌褶离生，污白色，有小菌褶。菌柄（4.0～9.0）cm×（0.3～0.6）cm，圆柱形，上端略细，中空，表面与菌盖同色，覆盖鳞片。菌环着生于上部，膜质，一般不易脱落。

【生态习性】单生、丛生或簇生于枯树上。

○子实体，示菌盖

○不同阶段子实体

蘑菇科

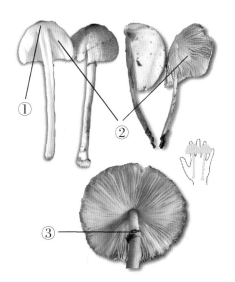

①菌肉；②菌褶；③菌环。

○子实体及其剖面

○幼嫩子实体，示菌盖

（采集：邱礼鸿；拍摄：邱礼鸿；分子鉴定：宋玉；形态描述：袁发）

31　内黄蘑菇
Agaricus endoxanthus Berk. & Broome

菌盖初期呈钟形，后期呈半球形至平展脐突形；直径 1.5～8 cm；浅棕褐色，中心突出部分褐色至黑色；潮湿、黏。菌肉白色，伤变褐色；菌褶离生，分支，粉褐色。菌柄圆柱形，长 4～9 cm，直径为 0.4～0.8 cm，中空；表面上部与菌盖同色，下部呈污白色。菌环膜质，上位，一般不易脱落。

【生态习性】单生或群生于森林开阔地上。

蘑菇科

○子实体，示生境

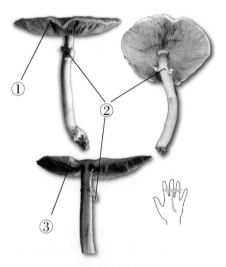

①菌盖；②菌环；③菌肉。
○子实体及其剖面

○子实体，示生境、菌环

（采集：袁发；拍摄：袁发、邱礼鸿；分子鉴定：宋玉；形态描述：王庚申）

32 双孢蘑菇

Agaricus bisporus（J. E. Lange）Imbach

菌盖直径为 3～11 cm，半球形至凸镜形，初期白色，渐变淡黄色至黄褐色，有平伏纤毛和鳞片。菌肉厚，白色，伤变淡红色。菌褶密集，离生，不等长，深粉红色至棕色，成熟后变成深褐色至黑色。菌柄近圆柱形，长 2～6 cm，粗 1.0～2.5 cm，上下等粗，有时基部渐细。有菌环，较早脱落。

【生态习性】单生或群生于草地路边，在大片草地上偶尔形成蘑菇圈。

○子实体，示生境 –1

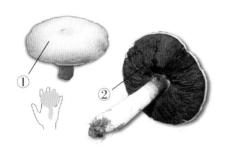

①菌盖；②菌褶。

○子实体

○子实体，示生境 –2

蘑菇科

○子实体，示菌褶 –1

○子实体，示菌褶 –2

（采集：王庚申；拍摄：王庚申；分子鉴定：宋玉；形态描述：王庚申）

33 三硫色蘑菇
Agaricus trisulphuratus Berk.

子实体呈红橙色，除菌柄近褶部分，其余部分均被红橙色鳞毛，菌盖中部鳞毛尤为密集。菌盖直径为 2.5～6.0 cm；初期呈圆锥形，后期逐渐展开成半球形，最后平展，边缘有菌幕残余。菌肉厚约 3 cm，白色，无味。菌褶离生，密集，初期呈白色，后期变成紫褐色。菌柄圆柱形，长 4～6 cm，宽 5～8 mm，中空。

【生态习性】单生或散生于富有机质的林地上。

○子实体，示菌褶

○子实体，示生境

○子实体，示菌盖－1

○子实体，示菌盖－2

○子实体，示菌柄

（采集：王庚申；拍摄：王庚申；分子鉴定：宋玉；形态描述：王庚申）

蘑菇科

34　锐鳞棘皮菇
Echinoderma asperum（Pers.）Bon

也称为锐鳞环柄菇 *Lepiota acutesquamosa*。菌盖5～10 cm，初期卵圆形，后期钟形或不规则，浅黄色或淡褐色，被覆深褐色锥形鳞片。菌肉白色，有橡胶味。菌褶离生，有分叉，分布紧密，白色。菌柄长4～10 cm，浅，白色，菌环以下被覆稀疏的棕色鳞片；菌环大，绒毛状，有时附着在菌盖边缘变成褐色鳞片。

【生态习性】单生或散生于落叶林或覆盖有木屑的公园、花园地上。

○子实体，示生境－1

蘑菇科

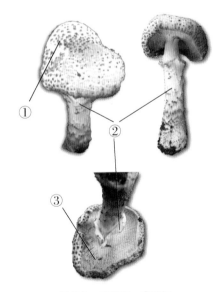

①菌盖；②菌环；③菌褶。
○**子实体**

○子实体，示生境－2

○子实体，示菌环

（采集：王庚申；拍摄：王庚申；分子鉴定：宋玉；形态描述：王庚申）

膨瑚菌科 Physalacriaceae

 35　鳞柄膜皮菇

● *Hymenopellis furfuracea*（Peck）R. H. Petersen

原称长根金钱菌鳞柄变种 *Collybia radicata* var. *furfuracea* Peck 或长根小奥德蘑 *Oudemansiella radicata*（Relhan）Singer，俗称鳞柄长根菇。菌盖 1.5～12.0 cm；幼时呈钟形，偶尔中凸，成熟后平展至反卷，表面光滑或有不规则褶皱，没有条纹，无附属物；新鲜时表面湿滑，灰褐色至深褐色或黄棕色。菌褶直生或弯生，较密集，白色至奶油色，厚，多短菌褶。菌柄圆柱形；长 4～16 cm，直径 0.5～2.0 cm；上端白色无附属物，下端棕灰色至棕褐色，有纤毛或小鳞片，成熟后菌柄棕色部分会延伸，颜色加深，有棕色小鳞片；基部稍膨大，地下部分锥形连接一长达10 cm的菌根，菌根擦伤后变锈棕色。无菌环、菌托。

【生态习性】单生于阔叶树朽木或埋在土壤中的树桩上。

○子实体，示生境 –1

○子实体，示生境 –2

○子实体，示生境 –3

○子实体，示生境 –4

膨瑚菌科

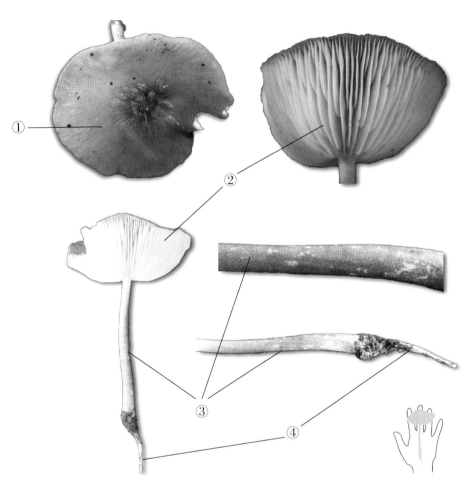

膨瑚菌科

①菌盖；②菌褶，有短菌褶；③菌柄，有细小鳞片；④菌柄基部。

○子实体及其剖面

（采集：王庚申；拍摄：王庚申；分子鉴定：宋玉；形态描述：王庚申）

小皮伞科 Marasmiaceae

 ## 36　大盖小皮伞
● *Marasmius maximus* Hongo

菌盖直径为 3.5～10.0 cm，初为钟形或半球形，后平展，常中部稍突起，表面稍呈水渍状，有辐射状沟纹呈皱褶状；黄褐色至淡黄色，有时近黄白色，干后甚至近白色。菌肉薄，半肉质到半革质。菌褶宽 2～7 mm，直生、凹生至离生，较稀，不等长，比菌盖色浅。菌柄长 5～9 cm，直径为 2.0～3.5 mm，等粗，质硬，上部被粉末状附属物，实心。

【生态习性】春季或夏秋季林中腐枝、落叶层上，散生、群生有时近丛生。

○子实体，示生境 –1

○子实体，示生境 –2

○子实体，示生境 –3

○子实体，示生境 –4

○子实体，示生境 –5

（采集：邱礼鸿；拍摄：邱礼鸿；分子鉴定：宋玉；形态描述：李永宁、魏翰林）

小皮伞科

37 干小皮伞

● *Marasmius siccus*（Schwein.）Fr.

菌盖直径为 1 ～ 2 cm，钟形至凸镜形，表面呈土黄色或肉桂色，有辐射状沟纹。菌肉极薄，皮质。菌褶13 ～ 15 片，白色，直生或离生。菌柄长 4 ～ 7 cm，粗 1 mm，上部呈白色，逐渐变为褐色至黑色，光滑，有漆样光泽。

【生态习性】夏秋季群生于林中枯枝、落叶上。

○子实体，示生境 -1

○子实体，示生境 -2

○子实体，示生境 -3

○子实体，示生境 -4

○子实体，示生境 -5

（采集：王庚申；拍摄：王庚申；分子鉴定：宋玉；形态描述：王庚申）

小皮伞科

38　宽棒小皮伞

● *Marasmius laticlavatus* Wannathes，Desjardin & Lumyong

菌盖 1～3 cm，平凸或钝圆，光滑，有放射状深皱褶，污白色、淡黄色至浅棕褐色，边缘微灰黄色至奶油灰色。菌肉灰黄色，薄；菌褶直生，宽 2～6 mm，奶油灰色至白色，无缘，有小菌褶。菌柄长 3～8 cm，直径 1～2 mm，中生，圆柱状，柄基稍膨大，光滑，顶端灰黄色，基部橙色或红褐色。气味与味道不明显。

【生态习性】散生或群生于竹子或双子叶植物落叶上。

○子实体，示生境

○子实体，示菌盖

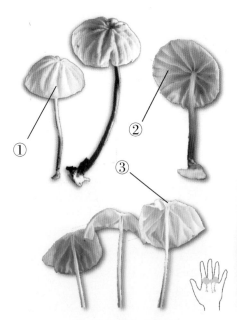

①菌盖；②菌褶；③菌肉。
○子实体及其剖面

○子实体，示菌褶

（采集：邱礼鸿；拍摄：邱礼鸿；分子鉴定：宋玉；形态描述：黄明攀）

小皮伞科

39 黄褐老伞

Gerronema strombodes（Berk. & Mont.）Singer

菌盖直径 0.9～2.0 cm，漏斗至平凹形，米白色、浅黄色至灰褐色，幼时表面覆盖棕灰色的纤毛，随着菌盖的长大逐渐被撑开，成为表面的条纹，并且边缘变为轻微波浪状。菌肉薄，黄色至白色。菌褶下延，不等长，小菌褶丰富，较稀疏，黄白色或浅黄色。菌柄长 1～3 cm，灰白色或略微发黄，有少量小绒毛。

【生态习性】丛生、单生或群生于树桩或树皮上。

○子实体，示生境

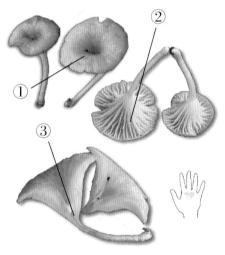

①菌盖；②菌褶；③菌肉。
○子实体及其剖面

○子实体，示生境、菌盖

○子实体，示菌褶

（采集：邱礼鸿；拍摄：邱礼鸿；分子鉴定：宋玉；形态描述：滕慧丹）

小皮伞科

40　歪足乳金钱菌

● *Lactocollybia epia*（Berk. & Broome）Pegler

菌盖直径10～30 mm，平凸，扁平或稍凹陷，表面黄白色至浅黄色，光滑，无毛，全缘，边缘有半透明条纹，脆。菌肉白色，薄，在菌柄附近约1 mm宽。菌褶白色至黄白色，宽达2 mm，小菌褶丰富。菌柄长7～35 mm，直径1～2 mm，中生或稍偏生，圆柱形，基部膨大成球根状，表面伴生有绒毛，光滑，有光泽，与菌盖同色。

【生态习性】散生或群生于树干的基部。

○子实体，示生境

○子实体，示菌盖

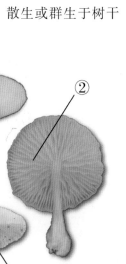

①菌盖；②菌褶；③菌肉。

○子实体及其剖面

○子实体，示菌褶

（采集：邱礼鸿；拍摄：邱礼鸿；分子鉴定：宋玉；形态描述：郑健飞、王庚申）

小皮伞科

41 亚灰四角孢伞
● *Tetrapyrgos subcinerea*（Berk. & Broome）E. Horak

菌盖直径为 1～17 mm。菌盖幼时呈半球形，中部偶有乳头状凸起，成熟后趋于扁平或呈平凹形，表面具辐射状条纹，干燥不黏，密被绒毛；幼时呈白色，成熟后从白色逐渐变为灰色到蓝灰色或棕黑色。菌肉厚约0.5 mm，与菌盖同色。菌褶直生至延生，密集或亚密集；白色，成熟后呈灰色。菌柄长 1～17 mm，直径 0.3～0.8 mm；中部着生，圆柱形，基部膨大；黑褐色，上端呈白色。

【生态习性】群生于枯枝上。

○子实体，示菌盖

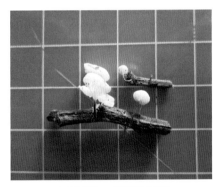

○子实体，示着生基质

○子实体，示菌褶、菌柄

小皮伞科

（采集：王庚申；拍摄：王庚申；分子鉴定：宋玉；形态描述：王庚申）

侧耳科 Pleurotaceae

42 淡红侧耳

● *Pleurotus djamor*（Rumph. ex Fr.）Boedijn

菌盖呈匙形、贝壳形或扇形，宽 2.8～11.0 cm，肉质，白色或淡粉红色，干，上有绒毛，边缘波状，整齐。菌肉白带粉红色，伤不变色，厚 1.5～3 cm，无味道和气味。菌褶沿生，白色至粉红色，很密。菌柄长 0.6～1.9 cm，宽 6～12 mm，圆柱状或扁圆柱状，侧生，粉红色，上有白色绒毛，实心。

【生态习性】单生或覆瓦状叠生于枯树桩上。

○子实体，示生境-1

○子实体，示生境-2

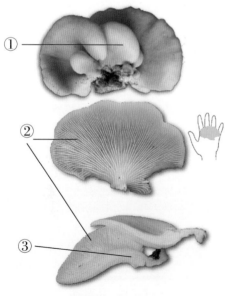

①菌盖；②菌褶；③菌肉。
○子实体及其剖面

○子实体，示生境-3

（采集：袁发；拍摄：袁发；分子鉴定：宋玉；形态描述：张誉竞，魏翰林）

43 肺形侧耳

● *Pleurotus pulmonarius*（Fr.）Quél.

菌盖肺形，扇形，半圆形至圆形；宽3～10 cm；平展至略向下凹，常有不规则皱褶；表面有时湿黏，无附属物，白色至浅黄褐色；近基部颜色较深，边缘幼时内卷，后期波状。菌肉呈白色，较厚。菌褶延生，密，白色，近基部淡黄色。菌柄长1～4 cm，直径为0.5～1.0 cm，中生，偏生或侧生；表面白色，光滑；基部连有白色菌索。菌肉厚，白色，伤后不变色。

【生态习性】叠生或单生于腐木或活木上。

○子实体，示生境

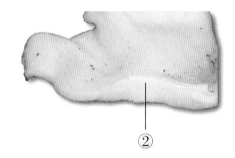

②

侧耳科

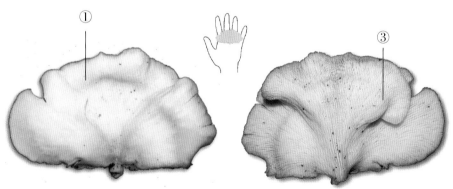

①菌盖；②菌肉；③菌褶。
○子实体及其剖面

（采集：周松岩；拍摄：周松岩；形态描述：周松岩）

44 花瓣亚侧耳

Hohenbuehelia petaloides（Bull.）Schulzer

菌盖呈勺形或扇形，宽 3 ～ 7 cm，灰白色至灰褐色，被绒毛，稍黏。菌肉呈白色，较厚，无味道和气味。菌褶白色，延生，不等长，盖缘处每厘米 25 ～ 30 片。无柄或有侧生状柄基，污白色至褐色，有细绒毛，长 1 ～ 3 mm，粗 0.5 ～ 1.0 cm。

【生态习性】丛生或叠生于树皮或枯腐木上。

○子实体，示生境

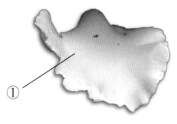

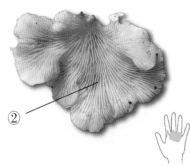

①菌盖；②菌褶。

○子实体

○子实体，示生境，菌褶

（采集：邱礼鸿；拍摄：邱礼鸿；分子鉴定：宋玉；形态描述：黄明攀，王庚申）

侧耳科

粉褶蕈科 Entolomataceae

45　荷伯生斜盖伞

● *Clitopilus hobsonii*（Berk.）P. D. Orton

子实体小型。菌盖呈扇形、半圆形或近圆形，奶油色或污白色，直径1～2 cm，边缘浅裂或叶裂状，外卷。菌肉较薄，白色。菌褶白色，不等长，小菌褶发达。菌柄侧生，非常短（2 mm）或缺失。孢子印呈淡粉红色。

【生态习性】聚生或散生于腐木上。

○子实体，示生境

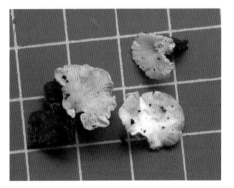

○子实体，示菌盖、菌褶

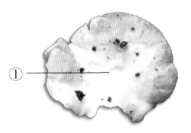

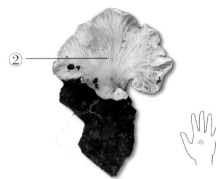

①菌盖；②菌褶。
○子实体

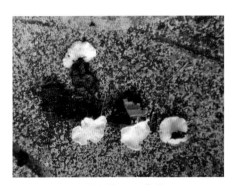

○子实体，示菌盖

（采集：邱礼鸿；拍摄：邱礼鸿；分子鉴定：宋玉；形态描述：袁发、黄明攀）

粉褶蕈科

46 皱纹斜盖伞
● *Clitopilus crispus* Pat.

子实体小到中型，菌盖宽初时凸透镜形，后平展中凹呈浅漏斗形，直径 2～6 cm，白色至粉白色，边缘外卷，盖边缘有放射状的棱纹和刺突。菌肉白色，较厚。菌褶延生，不等长，宽 2～3 mm，白色或奶油色至粉红色。菌柄近圆柱状，基部稍细，长 2～6 cm，直径 0.3～0.8 cm，中生至偏生，白色，平滑。

【生态习性】散生或群生于阔叶林或热带季雨林地上。

○子实体，示生境

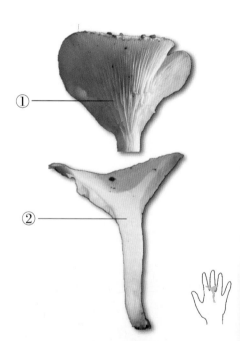

①菌褶；②菌肉。
○子实体及其剖面

○子实体，示菌盖、菌褶

○子实体，示菌盖

（采集：王庚申；拍摄：王庚申；分子鉴定：宋玉；形态描述：王庚申）

粉褶蕈科

54

47 考夫曼粉褶蕈

Entoloma kauffmanii Malloch

菌盖卵圆形至钟形，后平展，直径 1.0～1.5 cm，灰色至浅褐色，中部深黑色，菌盖湿滑，表面有疣状突起，具辐射状条纹。菌肉初白色，后渐变为肉粉色，无味道和气味。菌褶初白色，后渐变为肉粉色，不等长，离生，褶缘平滑。菌柄中生，长 4～5 cm，圆柱形，粗约 3 mm，上下等粗，空心，墨黑色，表面光滑，无菌环。

【生态习性】单生至散生于草地上。

○子实体，示生境

○子实体，示菌盖、菌褶

○子实体，示菌盖

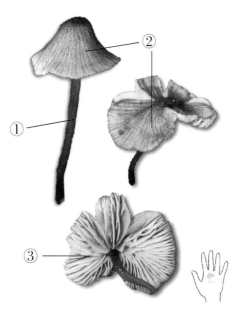

①菌柄；②菌盖；③菌褶。

○子实体

（采集：王庚申；拍摄：王庚申；分子鉴定：宋玉；形态描述：王庚申）

48　赭紫粉褶蕈

· *Entoloma ochreoprunuloides* Morgado & Noordel

菌盖初半球形后平展，直径 8～12 cm，黄褐色至褐紫色，老熟时边缘常反卷，盖表湿滑，有辐射状丝纹。菌肉白色。菌褶浅粉褐色，不等长，直生，褶缘平滑。菌柄中生，圆柱形，长 5～7 cm，粗 7～12 mm，基部梭形。无菌环。

【生态习性】群生于草地上，可形成蘑菇圈。

○子实体，示生境 -1

○子实体，示菌盖、生境

○子实体，示菌盖、菌褶 -1

○子实体，示菌褶

○子实体，示菌盖

○子实体，示生境 -2

○子实体，示菌盖、菌褶 -2

粉褶蕈科

○子实体，示蘑菇圈

（采集：王庚申；拍摄：王庚申；分子鉴定：宋玉；形态描述：王庚申）

49 尖顶粉褶蕈

● *Entoloma stylophorum*（Berk. & Broome）Sacc.

菌盖直径 5 ～ 20 mm，初钟形、成熟后平展，顶端具尖圆锥形乳头状突起，白色、淡奶油色至黄白色，被覆微小的颗粒或密布纤毛。菌肉薄，乳白色。菌褶薄，离生或直生，具小菌褶，中等密集，白色或奶油色后变粉色，褶缘平滑。菌柄长 10 ～ 20 cm，粗 0.2 ～ 0.3 cm，圆柱形，偶扁平，白色，光滑或具细绒毛。

【生态习性】散生于灌木林中地上。

○子实体，示菌盖、生境

○子实体，示菌盖、菌柄

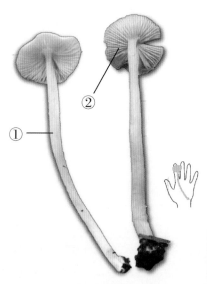

①菌柄；②菌褶。

○子实体

○幼嫩子实体

（采集：王庚申；拍摄：王庚申；分子鉴定：宋玉；形态描述：王庚申）

类脐菇科 Omphalotaceae

 ## 50　簇生拟金钱菌

● *Collybiopsis luxurians*（Peck）R. H. Petersen

子实体幼时呈红赭色或红灰色，烘干后呈棕色。菌盖直径为 2.5～6.5 cm，幼时呈圆锥形，成熟后平展，中部稍突。菌盖边缘有放射状条纹，初期平展光滑，后期向下弯曲。菌褶离生，波浪状，排列紧密。菌柄长 3～8 cm，粗 0.3～0.6 cm，圆柱状或扁长形，中生，有纵向条纹，浅至深褐色，向基部逐渐加深，中空。

【生态习性】群生于多枯枝、落叶的林地上。

○子实体，示生境

○子实体，示菌盖、生境

○子实体

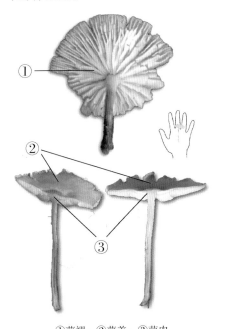

①菌褶；②菌盖；③菌肉。

○子实体及其剖面

（采集：邱礼鸿；拍摄：邱礼鸿；分子鉴定：宋玉；形态描述：王庚中、黄明攀）

类脐菇科

51 无味拟金钱菌

● *Collybiopsis indoctus*（Corner）R. H. Petersen

菌盖直径为 1.0～4.5 cm；平展脐凹至漏斗形；光滑、潮湿，有放射状、半透明条纹，边缘呈波状，直或反卷，平整或缺刻；中央呈黄褐色，向边缘变为奶油色。菌肉呈白色，薄（约为 1 mm）。菌褶不等长，颜色同菌盖，并生，下延，小菌褶丰富。菌柄（25～96）mm ×（1～3）mm；中生，圆柱形，均质，中空，柔软（易曲折）；先端具小鳞片状，基底纤维状或全为纤维状；黄棕色至淡橙褐色或浅棕色，顶端呈奶油桃色，基部有绒毛缠结的菌丝和假根。

【生态习性】群生于多枯枝、落叶的林地上。

○子实体，示生境

○子实体，示菌盖

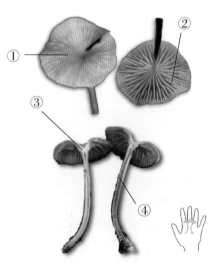

①菌盖；②菌褶；③菌肉；④菌柄。
○子实体及其剖面

○子实体

（采集：邱礼鸿；拍摄：邱礼鸿；分子鉴定：宋玉；形态描述：袁发、王庚申）

类脐菇科

52　隆盖拟金钱菌
● *Collybiopsis gibbosus*（Corner）R. H. Petersen

菌盖直径为 1.2～4.0 cm，半球至平凸至凹形，或脐凸状，多皱纹，潮湿时半透明条纹，干后有表面光滑至有辐射状微绒毛；边缘完整至具细圆齿，平展或向内卷，深棕色，具棕色至赭茶色条纹，边缘呈奶油色。菌褶直生或弯生，一侧膨出，完整，密集；褶基部有褶间横脉，宽 1.0～5.5 mm，白色至浅黄色。菌柄长 1.6～6.2 mm，粗 1.5～5.0 mm；中生，等粗，中空，纤维状，有纵条纹或具白霜，淡米黄色，有时基部呈巧克力棕色。

○子实体，示生境

【生态习性】散生或族生于林地落叶层上。

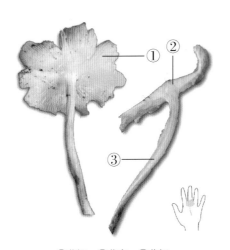

①菌褶；②菌肉；③菌柄。
○子实体及其剖面

○子实体，示菌柄

（采集：王庚申；拍摄：王庚申；分子鉴定：宋玉；形态描述：王庚申）

53 黑柄拟金钱菌

● *Collybiopsis melanopus*（A. W. Wilson，Desjardin & E. Horak）
R. H. Petersen

菌盖直径为 8～34 mm；幼时呈半球形，成熟后呈扁平凸形，表面具半透明条纹，潮湿，多褶纹，边缘波状、完整；中部呈深棕色至淡棕色，边缘呈灰橙色或米黄色，水浸状，失水后稍红。菌褶直生，密，边缘整齐；幼时稍红，成熟后呈暗色至灰橙色。菌柄长 21～55 mm，粗 0.5～2.5 mm；中生，等粗，端部稍卷，有时呈扁长形，具粉霜，空心或实心，柔软；基部呈黑色，至端部逐渐变成棕色或米黄色。

【生态习性】散生或簇生于树皮或落叶层上。

○子实体，示生境-1

○子实体，示生境-2

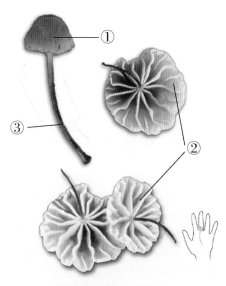

①菌盖；②菌褶；③菌柄。
○子实体

○子实体，示菌盖

（采集：王庚申；拍摄：王庚申；分子鉴定：宋玉；形态描述：王庚申）

54 梅内胡拟金钱菌

Collybiopsis menehune（Desjardin，Halling & Hemmes）R. H. Petersen

菌盖直径 12～50 mm；凸起至凹陷，光滑至有径向贴伏的纤毛，潮湿，边缘具半透明或不透明条纹，完整至波状，成熟后辐射状裂开，波状或均匀，内卷；中部呈深巧克力棕色至深紫棕色，边缘呈棕色到红米黄色，水浸状，干后成淡米黄色至浅粉色。菌肉厚 0.5～2.0 mm，与菌盖同色。菌柄长 15～110 mm，粗 0.5～3.0 mm，中生，等粗；有时被压扁，有裂缝，纤维状，柔软，端部光滑稍具白霜，其他部分干后被具粉霜的卷毛；下部呈深巧克力棕色，端部有时呈浅黄棕色至奶油棕色，基部具绒毛。

【生态习性】散生或簇生于落叶层上。

○子实体，示生境

○子实体，示菌盖

①菌盖；②菌褶；③菌肉。
○子实体及其剖面

○子实体

（采集：王庚申；拍摄：王庚申；分子鉴定：宋玉；形态描述：王庚申）

55 纯白微皮伞
● *Marasmiellus candidus*（Fr.）Singer

子实体小，纯白色。菌盖直径为0.6～3.0 cm，边缘呈波状并有稀疏的沟条纹。菌肉很薄。菌褶呈白色，近直生，不等长。菌柄中生，长0.8～2.0 cm，白色，基部稍暗。

【生态习性】生于枯枝或落叶上。

○子实体，示生境-1

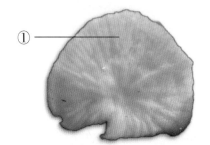

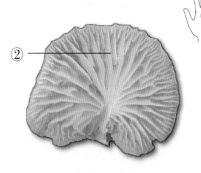

①菌盖；②菌褶。
○子实体

○子实体，示生境-2

○子实体，示菌褶

（采集：王庚申；拍摄：王庚申；分子鉴定：宋玉；形态描述：王庚申）

类脐菇科

56 无节微皮伞

● *Marasmiellus enodis* Singer

菌盖直径为 2 ~ 3 cm；初期呈钟形，后期平展，中央凹陷，半膜脂；淡黄白色、淡土黄色至黄褐色；光滑至被微细绒毛，有放射状沟纹，由盖缘通向菌盖中央，达 3/4 的位置，边缘内卷。菌褶近白色、淡黄色至粉黄色；近离生，盖缘处每厘米 9 ~ 10 片，不等长。菌柄中生，长 2 cm；粗 1 mm，上部呈粉黄褐色，下部呈淡红褐色；有微细绒毛。

【生态习性】散生于树皮或枯枝落叶上。

○子实体，示生境-1

○子实体，示生境-2

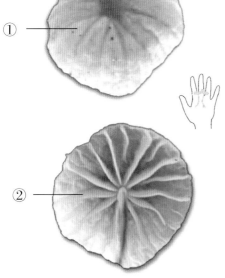

①菌盖；②菌褶。

○子实体

○子实体，示菌褶

（采集：王庚申；拍摄：王庚申；分子鉴定：宋玉；形态描述：王庚申）

类脐菇科

小脆柄科 Psathyrellaceae

 ## 57　蜗牛拟鬼伞

Coprinopsis urticicola（Berk. & Broome）Redhead，Vilgalys & Moncalvo

菌盖直径为 3～7 mm，卵圆形至圆锥形，成熟后展开，白色。表面膜状裂成小片，绒毛状，纯白色，成熟后呈白色至红褐色鳞状。菌褶极密，初期呈白色，后期呈灰褐色，最终变黑溶解。菌柄长 50 mm，直径为 0.5～1.0 mm，白色，圆柱状，基部附毛。

【生态习性】单生于腐木上。

○子实体，示生境

○子实体，示菌盖边缘撕裂

（采集：王庚申；拍摄：王庚申；分子鉴定：宋玉；形态描述：王庚申）

小脆柄科

58 灰盖拟鬼伞

● *Coprinopsis cinerea*（Schaeff.）Redhead，Vilgalys & Moncalvo

子实体较小。菌盖未成熟时呈钟形或长柱形至长锥形，后期平展，菌盖直径为 2～6 cm，灰褐色，干。初期菌盖表面光滑，后期表皮裂成白色丛毛状鳞片及毛状颗粒，边缘延伸反卷，撕裂，且有几达中央的细条纹，最后与菌褶一同溶为黑色汁液。菌肉初期呈白色至褐色，后期变墨黑，极薄，有轻微霉气味。菌褶初期呈白色至褐色，后期变黑并液化为墨汁状；离生，密，等长或不等长，褶缘平滑，微波状。菌柄细长，圆柱形，长6～20 cm，粗 2～7 mm，白色带褐色，质脆，空心，基部杵状，有时具长假根，有棉絮状绒毛或白色鳞片。无菌环。孢子印黑色。

【生态习性】散生或群生于草堆、腐草及草地上，分布较广。

○子实体，示生境

○子实体，示菌盖

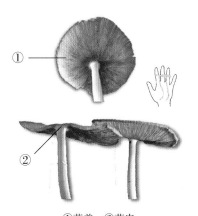

①菌盖；②菌肉。
○子实体及其剖面

○子实体，示菌褶

（采集：宋玉；拍摄：宋玉；分子鉴定：宋玉；形态描述：滕慧丹）

小脆柄科

59 碎褶拟鬼伞

● *Coprinopsis clastophylla*（Maniotis）Redhead，Vilgalys & Moncalvo

子实体较小。菌盖直径为 4 ～ 20 mm，幼时呈白色，成熟后变黑，最初有赭色菌幕覆盖，之后菌幕破碎成片，最后消失。菌褶紧密，窄；幼时呈白色，后变为灰粉色，最后变为黑色，溶解。菌柄长约 60 mm，直径约为 4 mm，白色，基部生有白色和棕色斑点的菌丝和菌根。

【生态习性】散生或群生于腐木上。

○子实体，示生境

○子实体，示菌盖

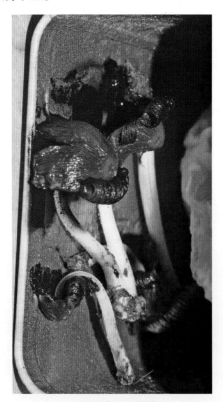

○子实体，示自溶

○子实体，示菌褶

（采集：王庚申；拍摄：王庚申；分子鉴定：宋玉；形态描述：滕慧丹）

小脆柄科

60 白绒拟鬼伞

Coprinopsis lagopus（Fr.）Redhead，Vilgalys & Moncalvo

菌盖成熟后直径 3～4 cm，幼时呈卵球形，逐渐展开成圆锥形或钟形，最后平展；灰色至黑色；幼时密被银色绒毛，后碎裂成斑块状，最后消失。菌盖边缘在菌褶自溶后开始分开。菌褶离生或直生，密，初期白色，迅速变灰，最后变成黑色。菌柄长 5～10 cm，直径 0.3～0.5 cm，棒状，等粗，中空，脆质，白色。初期密被绒毛，成熟后光滑。

【生态习性】腐生型，单生或群生于腐木上或木屑上，偶尔着生于腐殖质丰富的土壤中。

○子实体

○幼嫩子实体，示生境

○成熟子实体，示生境

○幼嫩子实体 -1

○幼嫩子实体 -2

（采集：王庚申；拍摄：王庚申；分子鉴定：宋玉；形态描述：王庚申）

小脆柄科

61　丝膜拟鬼伞

Coprinopsis cortinata（J. E. Lange）Gminder

子实体伞状。菌盖初期呈卵形、钟形至扁半球形，后期近平展，有放射状褶纹，直径 0.6～1.6 cm，表面近白色，中央带黏土色，有细棉絮状的粉粒。菌肉很薄且易碎。菌褶离生，狭窄，稀，初期呈白色至紫灰色，最后变为黑色，不液化。有时菌盖边缘和菌柄上部之间有蛛丝状菌幕，易消失。菌柄呈白色，（2.0～4.0）cm ×（0.10～0.15）cm，被有细棉絮状的粉粒。

【生态习性】春秋季子实体单生或群生于林内或庭院阴蔽处腐殖质多的地上。主要分布于中国云南、福建，以及日本和欧洲。

○子实体，示生境 –1

○子实体，示生境 –2

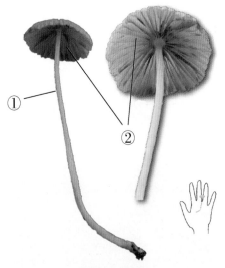

①菌柄；②菌褶。
○子实体

○子实体，示菌盖，菌柄

（采集：王庚申；拍摄：王庚申；分子鉴定：宋玉；形态描述：王庚申）

62 白小鬼伞

● *Coprinellus disseminatus*（Pers.） J. E. Lange

子实体小。菌盖直径 0.5 ～ 1.5 cm；卵圆形至钟形，边缘稍微外卷；幼时白色或淡米黄色，成熟后灰白色，颜色由边缘开始变深，顶部棕黄色；膜质，表面光滑，幼时有细颗粒状物或有毛，有明显条棱。菌肉白色，脆弱易碎。菌褶白色至灰色，不等长，直生，较稀疏。菌柄白色，中空，长 1.5 ～ 3.0 cm，粗 1 ～ 2 mm。

【生态习性】群生于腐木或树桩上。

○子实体，示生境

○幼嫩子实体，示菌盖

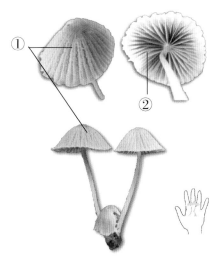

①菌盖；②菌褶。
○子实体

○成熟子实体

小脆柄科

小脆柄科

○子实体，示生境－1

○子实体，示生境－2

○幼嫩子实体，示菌褶

○幼嫩子实体，示生境

○子实体自溶现象

（采集：邱礼鸿；拍摄：王庚申、邱礼鸿；分子鉴定：宋玉；形态描述：滕慧丹、李永宁）

63 晶粒小鬼伞

Coprinellus micaceus (Bull.) Vilgalys, Hopple & Jacq. Johnson

菌盖直径为 2.0～3.5 cm；幼时呈卵圆形至钟形，后期呈半球形至平展，边缘上卷；表面呈黄褐色至赭褐色，向边缘颜色变浅至灰色，水渍状，有纵条纹；幼时表面有白色颗粒状晶体，后期消失。菌肉薄。菌褶弯生，密，不等长；幼时呈乳白色，后逐渐变为黑色并溶解。菌柄长 8.5 cm，直径达 0.5 cm；表面白色，具白色粉霜至光滑，中空，易碎；基部常膨大。

【生态习性】丛生或群生于腐木上。

○子实体，示生境

○子实体-1

小脆柄科

○子实体-2

（采集：周松岩；拍摄：周松岩；形态描述：周松岩）

64 辐毛小鬼伞

● *Coprinellus radians*（Desm.）Vilgalys，Hopple & Jacq. Johnson

菌盖直径为 2.5～5.0 cm，幼时呈钟形，后呈半球形至平展，且边缘上卷；表面橘红色至白色，外围颜色较淡，覆有许多白色至黄色的小颗粒。菌褶离生至弯生，幼时白色，但很快变为灰棕色至黑色；褶缘全缘。菌柄长 3～8 cm，中生，直径为 0.2～0.7 m；白色，中空；基部常膨大，连有密集的锈黄色菌索。菌肉很薄。子实体成熟后自溶成黑色。

【生态习性】单生或丛生于腐木上。

○子实体，示生境-1

○子实体自溶

○子实体，示生境-2

○子实体，示生境-3

（采集：周松岩；拍摄：周松岩、袁发；形态描述：周松岩）

65 疣孢小鬼伞

Coprinellus verrucispermus（Joss. & Enderle）Redhead，Vilgalys & Moncalvo

闭合的菌盖最高达 15 mm × 12 mm；最初呈暗（红）棕色，很快变得完全覆盖棕色；毛状物组成的粒状菌幕残余物，特别是在菌盖中心外；菌盖展开时直径达 30～47 mm。菌褶密，白色、深褐色至黑色。菌柄长 30～70 mm，直径 1～3 mm，白色，有短柔毛。

【生态习性】群生于腐殖质多的地上。

○子实体，示生境

○幼嫩子实体，示菌盖

○成熟子实体，示菌盖

○子实体，示菌褶

○子实体自溶

（采集：袁发；拍摄：袁发；分子鉴定：宋玉；形态描述：袁发）

小脆柄科

66 径边刺毛鬼伞

● *Tulosesus callinus*（M. Lange & A. H. Sm.） D. Wächt. & A. Melzer

菌盖直径 12～35 mm；幼时菌盖呈钟形，后期呈半球形至平展，中心暗红棕色、肉桂色、赭色至浅黄棕色，中心向边缘颜色逐渐变浅。菌褶离生，白色至黑色。菌柄长 5～12 cm，直径 1～4 mm，白色至灰白色，基部可达 4 mm 宽，有短软毛。

【生态习性】单生或散生于草地上。

○子实体，示生境

小脆柄科

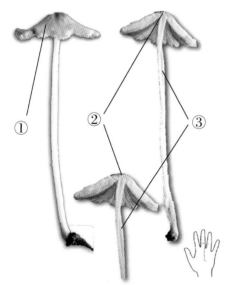

①菌盖；②菌肉；③菌柄。

○子实体及其剖面

○子实体，示生境及盖表

○子实体，示菌褶

（采集：宋玉；拍摄：宋玉；分子鉴定：宋玉；形态描述：滕慧丹）

67　淡紫近地伞

● *Parasola lilatincta*（Bender & Uljé）Redhead，Vilgalys & Hopple

菌盖直径为 15～20 mm，宽凸形至扁平；盖表膜质光滑，有辐射沟纹呈折扇状，浅灰褐色；中部呈浅橙色；边缘有沟。菌褶离生，等长，稀疏，初与菌盖同色，后变黑，终溶解。菌柄（40～70）mm×（2～4）mm，等粗，中空，脆骨质，表面光滑，雪白色。

【生态习性】单生或散生于草地上。

○子实体，示生境

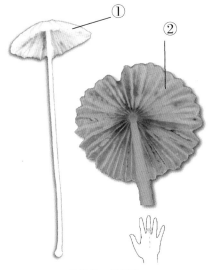

①菌盖；②菌褶。

○子实体

○子实体，示菌褶

（采集：王庚申；拍摄：王庚申；分子鉴定：宋玉；形态描述：王庚申）

小脆柄科

68 金毛近地伞

● *Parasola auricoma*（Pat.）Redhead，Vilgalys & Hopple

菌盖初生时呈卵形，边缘内卷，后伸展成圆锥形，最终平展中部稍凹；直径可达 6 cm；初生时红棕色，成熟后边缘逐渐变成灰色，从中心到边缘辐射状沟褶明显；放大镜下可见钢毛状附属物。菌肉薄，脆，黄色至棕色，无明显的气味或味道。菌褶离生；初生时白色，后渐变为黄棕色、老熟后变成黑色；菌褶不会自溶。菌柄白色，长 12 cm，粗 0.4 cm，脆骨质，中空，幼时有丰富的刚毛，成熟后逐渐消失。孢子印棕黑色。

【生态习性】单生或群生于落叶林路边或草地。

○子实体，示生境

○子实体，示菌盖

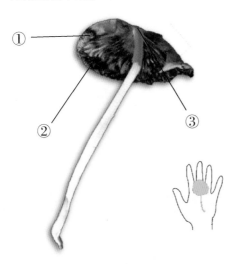

①菌盖；②菌褶；③菌肉。

○子实体及其剖面

○子实体，示菌褶

（采集：王庚申；拍摄：王庚申；分子鉴定：宋玉；形态描述：王庚申）

小脆柄科

69 黄盖小脆柄菇

● *Psathyrella candolleana*（Fr.）Maire

菌盖直径为 2.5～5.0 cm，初期呈钟形，后平展，中部稍凸起；初期呈浅黄褐色，后为黄褐色或浅灰褐色至茶褐色，中部颜色较深，光滑或有颗粒；初期菌盖边缘有菌幕残余，盖面展开后往往上翘，常辐射状开裂。菌肉呈白色，薄。菌褶直生，稍密，初期呈灰白色，很快变为茶褐色，后变为暗褐紫色。菌柄长 3～6 cm，粗 0.2～0.5 cm，圆柱形，白色，常纵裂，光滑或有平伏纤毛，中空。孢子印暗褐紫色。

【生态习性】常单生或群生于林中地上、路旁或田野草地上或朽木上。

○幼嫩子实体，示生境

○成熟子实体，示生境－1

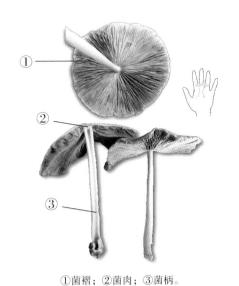

①菌褶；②菌肉；③菌柄。
○子实体及其剖面

○成熟子实体，示生境－2

小脆柄科

（采集：邱礼鸿；拍摄：邱礼鸿；分子鉴定：宋玉；形态描述：王庚申、魏翰林）

70 管沟小脆柄菇

Psathyrella sulcatotuberculosa（J. Favre）Einhell

菌盖直径为 8～35 mm；凸形至圆锥形，成熟后稍扁平；赭橙色或棕黄色，烘干后褐色；表面光滑无附属物，有半透明状条纹；边缘幼时带白色膜状残余，边缘至半径 2/3 处有凹槽或瘤状凸起。菌褶稀疏，穿插 1～2 片小褶，附着或并生，中部膨大 4 mm 宽，褐色，褶缘偏白，有微毛。菌柄长 16～40 mm，粗 0.5～2.5 mm；圆柱状，直生或弯生，等粗或基部膨大，表面具纤维，顶端有白霜，中空；白色至浅棕色。孢子印呈浅红褐色。

【生态习性】单生或群生于朽木或较肥沃的土地上。

○子实体，示生境

○子实体，示菌盖

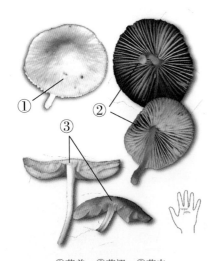

①菌盖；②菌褶；③菌肉。

○子实体及其剖面

○子实体

（采集：邱礼鸿；拍摄：邱礼鸿；分子鉴定：宋玉；形态描述：王庚申、张誉竞）

粪伞科 Bolbitiaceae

71　阿帕锥盖伞

● *Conocybe apala*（Fr.）Arnolds

子实体小。菌盖直径为 1～3 cm；斗笠形或钟形；浅褐黄色，顶部颜色深，边缘黄白色且有细条纹；薄，易脆，表面黏。菌肉呈污白色，很薄。菌褶初期呈污白色，后期呈锈黄色，直生，窄，较密，不等长。菌柄 6～8 cm，粗 0.3～0.4 cm，圆柱形，白色，表面似有细粉粒，基部膨大，中空。

【生态习性】单生或群生于路边、林缘草地上。

○子实体，示生境

○子实体，示菌盖

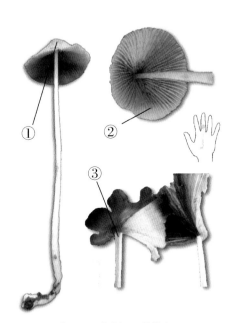

①菌盖；②菌褶；③菌肉。
○子实体及其剖面

○子实体，示菌褶

（采集：邱礼鸿；拍摄：邱礼鸿；分子鉴定：宋玉；形态描述：袁发、李永宁）

粪伞科

层腹菌科 Hymenogastraceae

 72　黄裸伞

　　Gymnopilus flavus（Bres.）Singer

　　子实体小型至中型。菌盖直径为
1.5～6.0 cm，肉质，初时稍凸至钟形，
边缘向内弯曲至内折，后来平凸，表面干
燥，粗糙，有纤维状绒毛，幼时黄色至淡
赭色，后变为锈黄色到锈赭色，带棕色斑
点。菌褶紧密，微凹，合生，下延，起初
浅黄色，后呈亮锈黄色并带有橙色色调，
边缘发白羊毛状。菌柄长 20～70 mm，直
径为 3～15 mm，圆柱形，基部球根状或
纺锤状；无菌幕；表面黄赭色，向基部变
黑至锈褐色；起初实心，但老时基部空
心。孢子印呈锈黄色至铁锈色。

　　【生态习性】单生或散生于草地上。

○子实体，示生境

○子实体

（采集：邱礼鸿；拍摄：邱礼鸿；分子鉴定：宋玉；形态描述：袁发）

层腹菌科

73 火苗裸伞

Gymnopilus igniculus Deneyer, P. – A. Moreau & Wuilb

子实体小型。菌盖直径为 0.7～2.4 cm；扁半球形至平展；黄褐色至紫红褐色；幼时披纤维状绒毛，成熟披绒毛状小鳞片至明显褐色鳞片，边缘内卷至平展。无菌环。菌肉呈白色。菌褶呈橘黄色，延生。菌柄中生，长 3～4 cm，宽 2～3 mm，圆柱形，白色至淡橙黄色，靠近基底处橙黄色渐深，中空或含有大量棕褐色纤维状菌丝。

【生态习性】单生于朽木上。

○子实体，示生境

○子实体，示菌盖

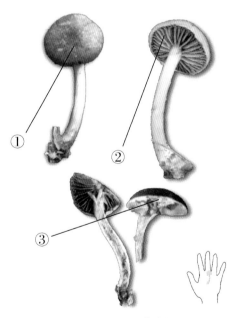

①菌盖；②菌褶；③菌肉。

○子实体及其剖面

○子实体，示菌褶

（采集：邱礼鸿；拍摄：邱礼鸿；分子鉴定：宋玉；形态描述：魏翰林）

层腹菌科

74 变色龙裸伞
● *Gymnopilus dilepis*（Berk. & Broome）Singer

菌盖直径为 1.0～1.5 cm；初期呈扁球形，后伸展，肉质；浅紫色后褪成橘黄色；菌表干燥有鳞片状附属物，菌盖边缘有菌幕残余。菌褶呈淡黄色或黄色，不等长，直生，褶缘平滑，菌柄中生，长 2～4 cm，粗约5 mm，由下至上渐细，有纵条纹。无菌环。

【生态习性】单生或散生于朽木上。

○子实体，示生境

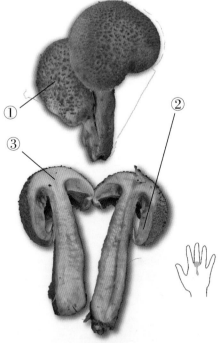

①菌盖；②菌褶；③菌肉。
○子实体及其剖面

○子实体

（采集：邱礼鸿；拍摄：邱礼鸿；分子鉴定：宋玉；形态描述：王庚申）

层腹菌科

75　紫鳞裸伞

● *Gymnopilus purpureosquamulosus* Høil

子实体中等，菌盖直径为 3 ～ 7 cm；凸出形但中间凹陷，表面凹凸不平，上有微红色或蓝紫色小鳞片紧压，边缘有薄片向下延伸；黄褐色质橘褐色。菌肉呈白色至淡黄色，伤变时呈暗褐色。菌褶呈黄色或淡紫色，直生或以缺刻附生。菌柄中生，长 4 ～ 7 cm，直径 0.6 ～ 1.0 cm；棍棒状，纤维质；暗红色，靠近基底部红色加深。菌环呈黄色，狭窄薄膜状，易脱落。味道微苦涩。

【生态习性】单生或散生于腐烂的硬木上。

○子实体，示生境

层腹菌科

○子实体，示菌盖

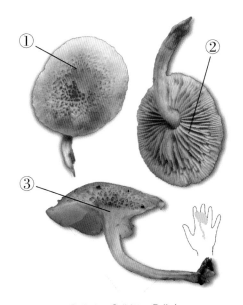

①菌盖；②菌褶；③菌肉。
○子实体及其剖面

○子实体，示菌褶

（采集：邱礼鸿；拍摄：邱礼鸿；分子鉴定：宋玉；形态描述：魏翰林）

轴腹菌科 Hydnangiaceae

 76　管柄蜡蘑

● *Laccaria canaliculata*（Sacc.）Masse

菌盖直径为 15～30 mm，菌盖成熟时呈圆形，平展中凹，红橙色至橙棕色，边缘具条纹和褶皱。菌褶直生，较疏，有小菌褶，分布均匀，浅橙棕色。菌柄圆柱形，长可达 75 mm，直径为 3～7 mm，圆柱形，与菌盖颜色相似。孢子印白色。

【生态习性】单生或群生于枯枝落叶上。

○子实体，示生境

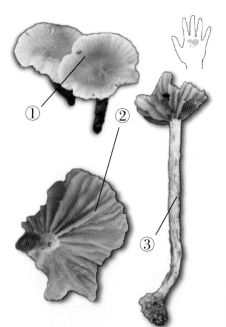

①菌盖；②菌褶；③菌柄。
○子实体

○子实体，示菌盖

○子实体

（采集：王庚申；拍摄：王庚申；分子鉴定：宋玉；形态描述：郑健飞）

光柄菇科 Pluteaceae

77 草菇
● *Volvariella volvacea*（Bull.）Singer

菌盖直径可达 10 cm；菌盖表面新鲜时呈灰白色至深灰色，通常中部颜色深，边缘颜色渐浅，具放射状条纹，干后呈灰褐色；边缘锐，干后内卷。菌肉厚可达 2 mm，干后呈浅黄色，软木栓质。菌褶密，不等长，离生；前期呈奶油色，后期呈粉红色，干后呈黄褐色。菌柄长 7～9 cm，直径 0.5～2.0 cm，圆柱形，白色，光滑，纤维质，实心，干后浅黄色，脆质。菌托直径可达 5 cm，杯状，奶油色至灰黑色。

【生态习性】在夏秋季生于草堆、富含有机质的草地上。

○子实体，示生境

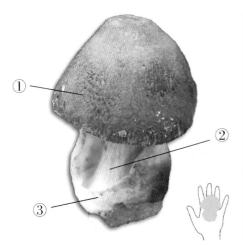

①菌盖；②菌柄；③菌托。

○子实体

○子实体，示菌托、菌褶

（采集：王庚申；拍摄：王庚申；分子鉴定：宋玉；形态描述：王庚申）

光柄菇科

78　鼠灰光柄菇

Pluteus ephebeus（Fr.）Gillet

菌盖直径为 5～11 cm，初期呈近半球形，后渐平展，灰褐色至暗褐色，近光滑或具深色纤毛状鳞片往往中部较多，稍黏。菌肉薄，白色。菌褶稍密，离生，不等长，白色至粉红色。菌柄长 7～9 cm，直径 0.4～1.0 cm，近圆柱形，与菌盖同色，上部近白色，具绒毛，脆，内部实心至松软。

【生态习性】夏秋季生于倒木上或林中地上。

○子实体，示生境

○子实体，示菌盖-2

○子实体，示菌盖-1

○子实体，示菌褶

（采集：王庚申；拍摄：王庚申；分子鉴定：宋玉；形态描述：王庚申）

光柄菇科

79 矮光柄菇

● *Pluteus nanus*（Pers.）P. Kumm

子实体中等大小。菌盖直径为2～5 cm，半球形，后扁平，中部钝状稍凸起；菌盖表面初期呈黑褐色，后期呈栗褐色、煤色或焦茶色，中部有放射性皱纹。菌肉薄，白色。菌褶离生，较密，初时呈白色，后呈肉色；褶缘有白色细绒毛。菌柄长2～6 cm，粗0.2～0.4 cm，白色，无毛或有细纵条纹，中实。

【生态习性】散生或群生于林内阔叶树腐木上。

○子实体，示生境

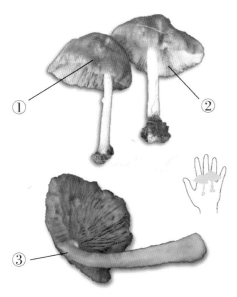

①菌盖；②菌褶；③菌肉。
○子实体及其剖面

○子实体，示菌盖

光柄菇科

（采集：王庚申；拍摄：王庚申；分子鉴定：宋玉；形态描述：王庚申）

羽瑚菌科 Pterulaceae

 80　重复木羽囊菌

●*Pterulicium echo*（D. J. McLaughlin & E. G. McLaughlin）Leal-Dutra, Dentinger & G. W. Griff

子实体毛发状；长 50～70 mm，直径为 0.2～0.5 mm，二分枝或多分枝，各分枝向上渐细；幼时白色，后中部变为浅褐色至褐色，成熟后顶端为白色或淡棕色，基部为棕褐色，颜色由上到下渐深。肉质韧，角质或脆骨质。伤变为浅黄色。

【生态习性】群生于腐竹、腐木或枯枝上。

○子实体，示生境

○子实体 -1

○子实体 -2

○子实体 -3

○子实体 -4

（采集：邱礼鸿；拍摄：邱礼鸿；分子鉴定：宋玉；形态描述：魏翰林、张誉竞）

羽瑚菌科

裂褶菌科 Schizophyllaceae

 ## 81 裂褶菌

● *Schizophyllum commune* Fr.

子实体小。菌盖直径 1～5 cm；扇形或肾形，由纵向分裂的裂瓣组成，边缘内卷，常叠生或连生，基部分离或相互融合；上表面干燥，密布绒毛，同心环区不明显，灰白色或棕黄色，下表面呈白色或浅灰色，有时呈淡紫色。菌褶窄，从基部辐射状生出，不等长，中间有断裂状深沟纹。菌柄短或无。菌肉具韧革质，白色，厚约 1 mm。

【生态习性】散生或群生于阔叶树和针叶树上。

○子实体，示生境

○子实体，示菌褶

○子实体，示菌盖

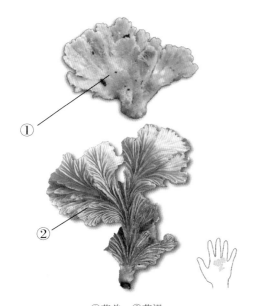

①菌盖；②菌褶。

○子实体

（采集：邱礼鸿；拍摄：邱礼鸿；分子鉴定：宋玉；形态描述：滕慧丹、张誉竞）

裂褶菌科

丝盖伞科 Inocybaceae

 82 辣味丝盖伞

● *Inocybe acriolens* Grund & D. E. Stuntz

菌盖直径为 2～4 cm；菌盖幼嫩时呈半球形，有白色粉末状覆盖物，成熟时平展，浅棕灰色。菌肉在中心处厚 1～2 mm，乳白色，柔软，伤不变色；气味难闻（来自强烈辛辣芳香成分的混合物）。菌褶直生，较宽（为 3～4 mm），有小菌褶，成熟时浅棕色。菌柄近圆柱形；长 3.0～4.5 cm，直径 4～5 mm；表面光滑有纵纹，浅粉红色，幼嫩时有白色粉状覆盖物。

【生态习性】单生于树林中地上。

○子实体，示生境

○子实体

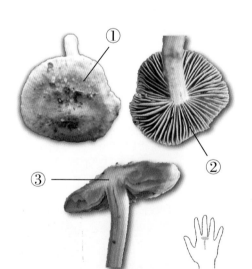

①菌盖；②菌褶；③菌肉。
○子实体及其剖面

○子实体，示菌褶

（采集：宋玉；拍摄：宋玉；分子鉴定：宋玉；形态描述：郑健飞）

口蘑科 Tricholomataceae

 ## 83　巨大大伞

Macrocybe gigantea（Massee）Pegler & Lodge

也称为巨大口蘑。菌盖直径为 10～50 cm，扁半球形至平展，表面呈白色至灰白色，光滑；边缘全缘，内卷。菌褶直生或弯生，密，不等长，灰白色；褶缘不规整。菌柄长 15～50 cm，直径为 4～8 cm，坚实，光滑，白色至灰白色。菌肉厚，白色。

【生态习性】腐生、簇生于阔叶林下或草地上。

○成熟子实体，示生境

○幼嫩子实体，示生境－1

○幼嫩子实体，示生境－2

（采集：周松岩；拍摄：周松岩、袁发；形态描述：周松岩）

口蘑科

84　毛伏褶菌

Resupinatus trichotis（Pers.）Singer

菌盖呈圆形、肾形至扇形；宽 0.5 ～ 2.0 cm；灰色至黑色，表面有灰色放射状条纹，着生基部有暗褐色至黑色的绒毛。菌褶灰色至黑色，从着生点向外呈放射状排列。无菌柄。

【生态习性】群生于腐木或枯枝上。

○子实体，示菌褶

○子实体，示生境

（采集：王庚申；拍摄：王庚申；分子鉴定：宋玉；形态描述：王庚申）

口蘑科

鹅膏科 Amanitaceae

85　小毒蝇鹅膏
● *Amanita melleiceps* Hongo

　　子实体较小。菌盖直径为 2 ～ 4 cm；幼时近半球形，后平展至或中间下凹；表面呈黄色至赭黄色，从边缘到中心颜色逐渐变深；湿润时黏；边缘有明显的条纹，中间有白色至黄色的菌托残留形成的鳞片。菌肉呈白色至乳白色。菌褶离生，较密，白色，不等长。菌柄较短，圆柱状或上端变细，基部膨大并有不很明显的环带状菌托，其残留物可以在基部上端形成白色至黄色的斑块或疣；无菌环；表面白色至乳白色，无附属物；质脆易断，内部松软至实心，白色。孢子印白色。

　　【生态习性】群生或散生于马尾松林或混交林下，可能同壳斗科或马尾松形成外生菌根。

○子实体，示生境

○子实体，示菌盖

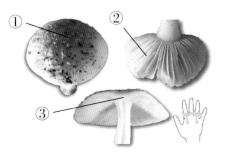

①菌盖；②菌褶；③菌肉。
○子实体及其剖面

○子实体，示菌褶

（采集：王庚申；拍摄：王庚申；分子鉴定：宋玉；形态描述：王庚申）

86 卵孢鹅膏
● *Amanita ovalispora* Boedijn

菌盖直径为 4～7 cm；扁半球形至扁平，中央不凸起或有时稍凸起；菌盖表面灰色至暗灰色，多平滑，偶有白色菌幕残余；边缘有长沟纹。菌褶离生，白色，干后常呈灰色或淡褐色。菌柄长 6～10 cm，直径为 0.5～1.5 cm，白色至淡灰色，上部常被白色粉末状鳞片；菌环阙如；菌托袋状至杯状，高 2～4 cm，直径为 1.2～2.5 cm，厚 1.0～1.5 cm，外表面呈白色至污白色，内表面呈白色至灰色。

【生态习性】单生或散生于热带及亚热带阔叶林下或暖热性针叶树的林中地上。

○成熟子实体－1

○成熟子实体－2

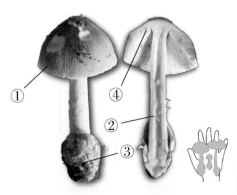

①盖边缘有细条纹；②菌柄中空；
③菌托袋状至杯状；④菌褶离生。

○子实体及其剖面－1

○成熟子实体－3

鹅膏科

96

鹅膏科

①盖边缘有细条纹；②菌柄中空；
③菌托袋状至杯状；④菌褶离生；
⑤菌幕残余白色。

○子实体及其剖面 -2

○幼年子实体 -1

○幼年子实体 -2

○幼年子实体 -3

（采集：王庚申；拍摄：王庚申；分子鉴定：宋玉；形态描述：王庚申）

木耳目
Auriculariales

木耳科 Auriculariaceae

87 毛木耳

● *Auricularia polytricha*（Mont.）Sacc.

子实体一般较大，一年生。菌盖呈浅杯状至耳状、贝状或无规则型，直径为 2 ～ 15 cm，新鲜时具韧胶质，无臭无味，干燥后收缩近角质，硬而韧，棕红色至黑褐色，越干燥颜色越深，中部凹陷，收缩成短柄状与基质相连。菌肉肉质较软，子实层体平滑，灰褐色至黑褐色，远子实层体呈灰白色至黄褐色或粉红色，密被毛；毛丝状，无色至淡黄褐色，常成束状生长。

【生态习性】群生或丛生、叠生于阔叶林中腐木及腐树皮上。

○子实体

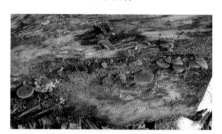

○子实体，示生境

○子实体，示菌盖 –1

○子实体，示菌盖 –2

（采集：邱礼鸿；拍摄：邱礼鸿；分子鉴定：宋玉；形态描述：魏翰林、黄明攀）

木耳科

粘褶菌目
Gloeophyllales

粘褶菌科 Gloeophyllaceae

 ## 88 密粘褶菌

● *Gloeophyllum trabeum*（Pers.）Murrill

担子果一年生至多年生，无柄，通常由同一基部的多个菌盖覆瓦状叠生，并侧相融；新鲜时具软木栓质，无臭无味，干后木栓质。菌盖呈扇形、半圆形，或偶尔侧相融合成近圆形；长可达 4 cm，宽可达 8 cm，基部厚可达 6 mm；表面灰褐色、棕褐色或烟灰色，被细密绒毛或有硬刚毛，后期变为粗糙，略有辐射状纹，具有不明显的同心环纹或环沟；边缘浅黄，锐，干后内卷。子实层体不规则，半褶状，迷宫状到部分孔状，赭色或灰褐色，无折光反映；不育边缘明显，浅黄色，宽可达 1 mm。菌褶或菌孔每毫米具 2～4 个。菌肉呈棕褐色，软木栓质，无环区，厚度可达 0.3 mm。菌褶或菌管不分层，灰褐色，革质，长可达 5 mm。

【生态习性】腐生在多种阔叶树储木、桥梁木等建筑木及栅栏木上。

○子实体，示菌褶

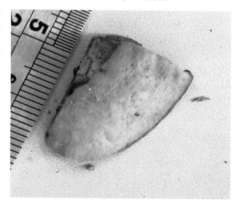

○子实体，示菌盖

①菌褶；②菌肉。

○子实体及其剖面

（采集：邱礼鸿；拍摄：邱礼鸿；分子鉴定：宋玉；形态描述：任思曼）

粘褶菌科

炭角菌目
Xylariales

炭角菌科 Xylariaceae

 89　罗杰斯黑柄炭角菌

● *Xylaria rogersionigripes* Y. M. Ju，H. M. Hsieh & X. S. He

子座高 3.5～18.0 cm；大多不分枝，偶尔从基部分枝；圆柱形，早期灰白色，后变黑色；上部可育部分长圆柱形，顶端圆、钝，长 4～8 cm，直径为 3～8 mm；初灰褐色后变黑色，无不育顶部。菌柄长 1.5～7.0 cm，直径为 1～5 mm；黑色；上有纵沟纹，基部有向土中延伸的假根。假根从基部延伸到地下，长可达 23 cm，通常连接着蚂蚁或白蚁巢。

【生态习性】单生或散生在阔叶林中地上。

○子实体，示生境

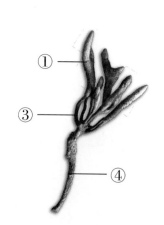

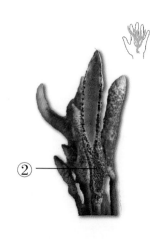

①子囊；②子囊内部；③菌柄；④假根。

○子实体及其剖面

（采集：袁发；拍摄：袁发；分子鉴定：宋玉；形态描述：魏翰林）

90　痂状炭角菌

● *Xylaria escharoidea*（Berk.）Sacc.

子座高约 15 cm，不分枝或分枝，圆柱形，直径为 3～5 mm。上部可育部分长约 8 cm；初期灰白色至黄褐色，后期变为暗黑色；表面因子囊壳孔口突起而显粗糙，有纵向皱纹。菌柄长约 7 cm，深黑色，表面较光滑，内部初期白色，后变黑色，质地较硬。地下假根长约 4 cm，质地较硬。

【生态习性】散生于林地或草地上。

○子实体，示生境

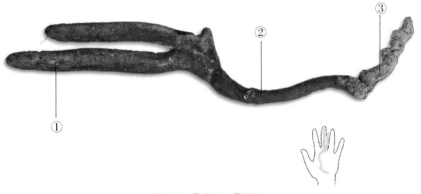

①子囊；②菌柄；③假根。

○子实体

（采集：袁发；拍摄：袁发；分子鉴定：宋玉；形态描述：袁发）

炭角菌科

91 鹿角炭角菌

● *Xylaria hypoxylon*（L.）Grev.

子座高约 8 cm，不规则分枝，顶端分枝形似鹿角，枝干圆柱形或扁平，直径 2～8 mm，常扭曲或弯曲。上部可育部分灰黑色，内部灰白色，实心，下部黑色，表面粗糙，基部向下延长深入土中似根状，长约 1 cm，暗褐色至黑色。

【生态习性】散生或群生于林地。

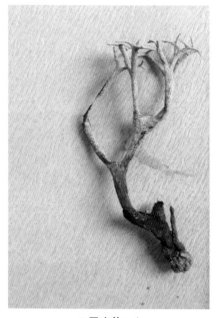

○子实体–1

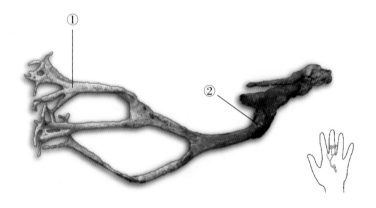

①子座可育部分；②不育菌柄。

○子实体–2

（采集：袁发；拍摄：袁发；分子鉴定：宋玉；形态描述：袁发）

刺革菌目
Hymenochaetales

刺革菌科 Hymenochaetaceae

92 老褐孔菌
● *Fuscoporia senex*（Nees & Mont.）Ghob-Nejh

子实体一年生至多年生，扁平至半平伏状。菌盖木质，无柄，半圆形，宽 10～18 cm，厚 1.0～2.5 cm。菌盖表面粗，有不明显的宽而稀的棱纹，无毛，无明显的皮壳，深咖啡色至栗褐色，边缘锐至很钝。菌肉浅咖啡色至琥珀褐色，厚 5～15 mm。菌管不明显地多层，与菌肉同色，每层厚约 2 mm；管口咖啡色至深咖啡色，圆形，每毫米 7～8 个，手触摸时有绒毛之感；刚毛多，褐色，长 15～30 μm，基部膨大处粗 7～9 μm。

【生态习性】叠生于树皮或腐木上。

○子实体，示生境

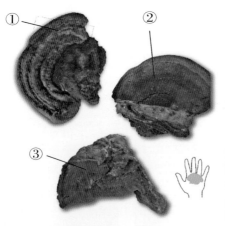

①菌盖；②菌褶；③菌肉。
○子实体及其剖面

○子实体

（采集：邱礼鸿；拍摄：邱礼鸿；分子鉴定：宋玉；形态描述：任思曼、袁发）

未定科 Incertae sedis

93 冷杉附毛菌

● *Trichaptum abietinum*（Pers. ex J. F. Gmel.）Ryvarden

子实体一年生，平伏至具明显菌盖，覆瓦状叠生，无柄。菌盖扇形或贝形，平展反卷，宽 0.5～2.5cm，厚 1～2 mm，革质，灰白色至白带微褐色，边缘带紫色，被绒毛，具同心环纹。菌肉白色，很薄。子实层灰褐色，初期孔状，菌孔多角形，每毫米 2～4 个；后期齿状。

【生态习性】叠生于马尾松树皮或腐木上。

○子实体

○子实体，示生境−1

○子实体，示生境−2

（采集：邱礼鸿；拍摄：邱礼鸿；分子鉴定：宋玉；形态描述：张誉竞）

未定科

牛肝菌目
Boletales

干腐菌科 Serpulaceae

 94　竹生干腐菌

● *Serpula dendrocalami* C. L. Zhao

子实体一年生，覆瓦状叠生。菌盖扁平，扇形或不规则圆形，直径 5～17 cm。菌盖表面污白色，粗糙。菌肉厚，软木质至海绵质。子实层薄，黄褐色，皱孔状至网纹褶状。

【生态习性】群生于竹林中竹头周围。

○子实体，示生境

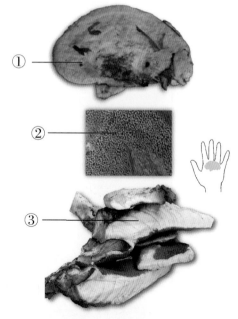

①菌盖；②菌管；③菌肉。
○子实体及其剖面

○子实体，示菌管

○子实体，示菌盖

（采集：邱礼鸿；拍摄：邱礼鸿；分子鉴定：宋玉；形态描述：张誉竞）

乳牛肝菌科 Suillaceae

 ## 95 滑皮乳牛肝菌

Suillus huapi N. K. Zeng，R. Xue & Zhi Q. Liang

菌盖直径为4～7 cm，扁半球形，盖表黏，黄色至黄褐色，上有绒毛或光滑无附属物，边缘延伸。菌肉呈乳黄色，伤不变色，中间厚四周薄，边缘极薄几乎消失，无味道。菌管表面呈鲜黄色，上有黑褐色腺点，长2.8～6.0 mm，与柄成短延伸，不易剥离。菌孔呈角形，每毫米2～4个。菌柄多偏生或中生，棒形，长3～4 cm，黄色，上有黄褐色绒毛，并密生红褐色至黑褐色腺点，纤维质，实心。菌环有或无，上中位，单环，易脱落。

【生态习性】单生、散生或群生于混交林中地上。

○子实体，示生境

○子实体，示菌盖

（采集：王庚申；拍摄：王庚申；分子鉴定：宋玉；形态描述：张誉竞）

乳牛肝菌科

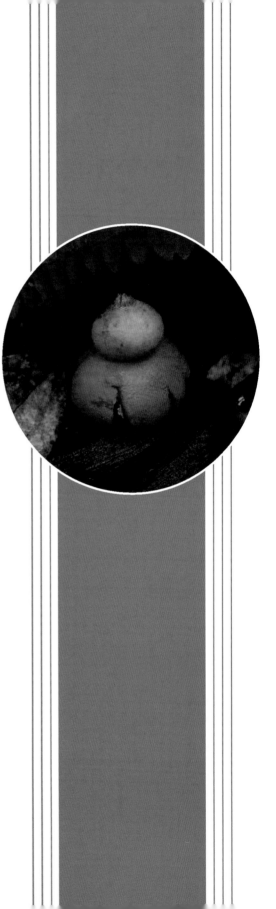

地星目
Geastrales

地星科 Geastraceae

 96　白黑地星

● *Geastrum albonigrum* Calonge & M. Mata

　　菌蕾呈球形至椭球形，白灰色至灰黑色，直径约为3 cm，高约为2.5 cm，底部通过根状菌索附着于地面。菌索分枝或不分枝，长0.6～1.8 cm。成熟时外包被上部开裂形成3～4个形状不规则的瓣片，向外反卷。内包被球形或扁球形，高0.7～1.6 cm，宽1.2～1.6 cm，浅黑褐色，无柄，顶部中央有一形状不规则开口，口缘有纤毛，颜色稍深。产孢组织成熟后呈粉末状，黑褐色。

　　【生态习性】单生或散生于竹林或树林中地上。

○子实体，示生境

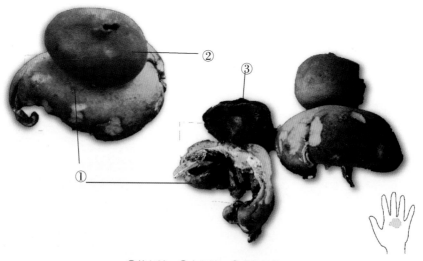

①外包被；②内包被；③产孢组织。

○子实体及其剖面

（采集：王庚申；拍摄：王庚申；分子鉴定：宋玉；形态描述：王庚申）

地星科

鬼笔目
Phallales

鬼笔科 Phallaceae

 97　五棱散尾鬼笔

● *Lysurus mokusin*（L.）Fr.

菌蕾呈卵形，直径为 2.0 ～ 3.0 cm，污白色至淡黄色。子实体长 6 ～ 16 cm，棱柱状，中空，壁厚 0.5 ～ 1.5 mm，内部海绵状，有 4 ～ 6 棱；幼时直立，成熟时常匍匐；棱在顶端延伸成 0.3 ～ 3.0 cm 长的臂，幼时臂顶端愈合，成熟时散开。上端产孢部分（菌盖）臂间充满含有孢子的深橄榄绿色至深棕色黏液，带有恶臭；下部（菌柄）白色至粉红色。菌托袋状，直径 2.0 ～ 3.0 cm，通过白色的菌索与地下菌丝连接。

【生态习性】春、秋季散生于林中地上或草地上。

○菌蕾，示生境

○幼嫩子实体，示棱

○半成熟子实体

○幼嫩子实体，示生境

（采集：周松岩；拍摄：袁发；形态描述：周松岩）

98　竹林蛇头菌

● *Mutinus bambusinus*（Zoll.）E. Fisch.

子实体幼时（菌蕾）卵形或球形，灰白色，直径为 2～3 cm，包被 3 层，中层胶质，成熟时外包被裂开，遗留成为菌托。成熟子实体产孢部分（菌盖）呈圆锥形，鲜红至深红色，高 2.5～4.0 cm，直径约为 1.5 cm，表面覆盖一层黏液状、有臭味的孢体。无菌裙。菌柄圆柱形，上部粉红色，下部白色，长 6～8 cm，直径约 1.5 cm，白色，海绵质，中空。菌托灰白色至米黄色。

【生态习性】散生或群生于竹林或阔叶林地上。

○幼嫩子实体，示生境

○子实体

鬼笔科

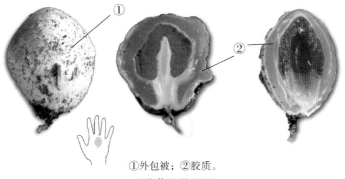

①外包被；②胶质。
○菌蕾及其剖面

（采集：邱礼鸿；拍摄：邱礼鸿；分子鉴定：宋玉；形态描述：王庚申）

99 竹荪

● *Phallus* sp.

菌蕾球形至倒卵形，表面污白色至淡粉红色，直径 3～4.5 cm，基部有分枝或不分枝的根状菌索。成熟子实体菌盖钟形，高 5 cm，直径 3 cm，顶端中部有一圆孔，四周具白色网格状纹饰，表面覆盖一层暗绿色、黏液状、恶臭的孢体。菌裙网状，淡黄色至洁白，从菌盖下垂，达菌柄基部，边缘宽可达 13 cm，网眼多角形，孔径 3～10 mm。菌托内有白色的胶质。菌柄圆柱形，长 17 cm，基部粗 4～5 cm，白色，海绵质，中空。

【生态习性】单生或散生于竹林或阔叶林下枯枝落叶层厚的腐殖质层上。

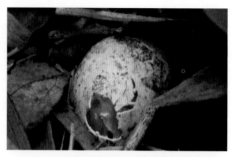

○幼嫩子实体，示生境

○半成熟子实体

○子实体

○成熟子实体

（采集：王庚申；拍摄：王庚申、王博丰；分子鉴定：宋玉；形态描述：王庚申）

鬼笔科

中文名称索引

拉丁学名称索引

参 考 文 献

［1］ 毕志树，郑国扬，李泰辉.广东大型真菌志［M］.广州：广东科技出版社，1994.

［2］ 陈剑山，郑服丛.ITS 序列分析在真菌分类鉴定中的应用［J］.安徽农业科学，2007，35（13）：3785－3786.

［3］ 黄年来.中国大型真菌原色图鉴［M］.北京：中国农业出版社，1998.

［4］ 李国杰，李赛飞，赵东，等.红菇属研究进展［J］.菌物学报，2015，34（5）：821－848.

［5］ 李方.黑石顶大型真菌图鉴［M］.广州：中山大学出版社，2011.

［6］ 林晓民，李振岐.中国大型真菌的多样性［M］.北京：中国农业出版社，2005.

［7］ 李玉，李泰辉，杨祝良，等.中国大型菌物资源图鉴［M］.郑州：中原农民出版社，2015.

［8］ 李泰辉，宋相金，宋斌，等.车八岭大型真菌图志［M］.广州：广东科技出版社，2017.

［9］ 卯晓岚.中国大型真菌［M］.郑州：河南科学技术出版社，2000.

［10］ 吴发红，黄东益，黄小龙，等.几种真菌 DNA 提取方法的比较［J］.中国农学通报，2009，25（8）：62.

［11］ 吴兴亮，戴玉成，李泰辉，等.中国热带真菌［M］.北京：科学出版社，2011.

［12］ 杨佩文，李家瑞，杨勤忠，等.根肿病菌核糖体基因 ITS 区段的克隆测序及其在检测中的应用［J］.云南农业大学学报（自然科学版），2003，18（3）：228－233.

［13］ 杨祝良.中国鹅膏科真菌图志［M］.北京：科学出版社，2015.

［14］ 应建浙，卯晓岚，马启明，等.中国药用真菌图鉴［M］.北京：科学出版社，1987.

［15］ 应建浙，赵继鼎，卯晓岚，等.食用蘑菇［M］.北京：科学出版社，1982.

［16］ 袁明生，孙佩琼.中国大型真菌彩色图谱［M］.四川：四川科学技术出版社，2013.

后　记

　　中山大学广州校区南校园也被称作康乐园。校园内红砖绿瓦，草木繁盛，环境非常优美。作为一个有幸在此生活和学习的"生科人"，更加珍爱这里的一草一木，并以此为荣。

　　2016年初夏的一天早晨，几场雨后的康乐园空气清新，除偶尔几声虫鸣鸟叫声外，一片安静祥和。当我以师兄、师姐们编写的《康乐芳草》为指导，按图索骥，在校园观赏、辨识花草树木，复习植物学知识时，一些平时不常见、大小形态各异、颜色多种多样的蘑菇闯入眼帘。它们是什么，为什么这个时候出现，有什么生态功能和用途等一系列问题出现在我的脑海里。若有一本像《康乐芳草》这样的工具书帮助我去了解它们，该有多好啊！于是，我萌生了编写一本中山大学大型真菌图鉴的想法。

　　该想法得到邱礼鸿教授的鼓励和支持。我们组成一个以邱老师为指导教师，以宋玉师姐为助教，以2015级"微生物兴趣班"本科生为主体的调查小组，以"南校园大型真菌调查和图鉴编写"为题申请并获得大学生创新训练计划项目的资助。此后，同学们一边通过选修"微生物实验技能课"和进入邱教授的实验室并跟随研究生做实验等多种途径学习大型真菌标本采集和分类鉴定的理论知识和实验技术，一边利用课余时间在校园内采集标本，并对采集到的标本进行鉴定和描述。经过两年多的努力，调查小组共采集400多号标本，采用现代分子技术结合传统形态特征分析方法对标本进行了鉴定，明确了大部分标本的分类地位，拍摄了这些标本的原生境照片和子实体解剖图片近3 000张，为完成本书的编写奠定基础。

　　在大家的共同努力下，本书终于付梓。希望本书能为大型真菌爱好者，特别是为中山大学广州校区南校园的师弟、师妹们辨识、了解大型真菌提供帮助。另外，近年来中山大学为了满足教学和科研的需要，在南校园开展大量的施工建设，多处灌木林等大型真菌栖息地已被大楼或其他设施所替代。本书为曾经在校园内存在过的大型真菌物种留下珍贵的记录，为后续进行校园建设时开展生物多样性保护提供了资料。

　　知名大型真菌分类学家、广东省微生物研究所的李泰辉研究员在百忙之中对本书进行认真细致的审核，提出很多宝贵的修订建议并作了序，在此表示诚挚的感谢！中山大学出版社邓子华老师对本书的编排等提供大量的修改意见；中山大学生命科学学院院办的何素敏老师多次参与标本采集，发现很多隐藏于树丛、花草和枯枝落叶中，走在她前面的老师和同学未发现的大型真菌；邱教授实验室的李经纬师兄等在标本采集、图片拍摄和实验中给予大量的帮助，在此一并致谢！

由于作者水平有限，时间仓促，书中肯定存在不足或谬误之处，恳请读者批评指正。

袁发

2022 年 9 月 10 日于康乐园